春艳水蜜桃

双丰水蜜桃

五月金水蜜桃

有明白桃果实

农神蟠桃

蟠桃皇后

早黄蟠桃

早露蟠桃

2

中油蟠3号

njc83罐桃

金童6号罐桃

黄金美丽观赏桃的花与果

3

菊花桃开花状

满天红观赏桃的花与果

桃树大枝涂白与果实套袋状

桃幼树两主枝角度、涂白与冬剪状

4

桃园的枸橘绿篱

细菌性穿孔病前期状

细菌性穿孔病后期状

裂果状

5

轻微冻害后形成层变褐可恢复

树干西北侧（迎风面）冻伤状

不可恢复的严重冻害状

涝害状

6

桃粉蚜危害叶片状

桃蚜危害果实状

嫩梢被桃蚜危害状

桃红颈天牛

桃红颈天牛危害状

白星金龟子危害状

梨小食心虫危害状

桃球坚蚧危害状

8

农作物种植技术管理丛书

怎样提高桃栽培效益

主　编

朱更瑞

编著者

方伟超　　王力荣　　陈昌文

曹　珂　　冯义彬　　张增智

杨　刚　　乔小金　　李国际

金盾出版社

内 容 提 要

本书由中国农业科学院郑州果树研究所朱更瑞研究员主编,桃专家编著。内容包括提高桃栽培效益的重要性及努力方向,以及在桃优良品种选择,桃园定址建立,土肥水管理,整形修剪,花果管理,病虫害防治,果实采收、处理与贮存,果品营销等方面,如何走出误区,采用正确的技术和方法,实现桃生产的优质、高产和高效。同时,还有高效种桃致富的典型介绍。全书内容丰富,栽培技术实用,经营理念先进,语言通俗,图文并茂,对提高桃栽培效益,很有启发性和参考价值。适合广大果农、果树技术人员和农林院校师生阅读参考。

图书在版编目(CIP)数据

怎样提高桃栽培效益/朱更瑞主编;方伟超等编著. —北京:金盾出版社,2006.8

(农作物种植技术管理丛书)

ISBN 978-7-5082-4054-1

Ⅰ. 怎…　Ⅱ. ①朱…②方…　Ⅲ. 桃-果树园艺

Ⅳ. S662.1

中国版本图书馆 CIP 数据核字(2006)第 047810 号

金盾出版社出版、总发行

北京太平路 5 号(地铁万寿路站往南)

邮政编码:100036　电话:68214039　83219215

传真:68276683　网址:www.jdcbs.cn

彩色印刷:北京精彩雅恒印刷有限公司

黑白印刷:北京金盾印刷厂

装订:东杨庄装订厂

各地新华书店经销

开本:787×1092 1/32　印张:7.5　彩页:8　字数:162 千字

2009 年 6 月第 1 版第 4 次印刷

印数:29001—40000 册　定价:11.00 元

前　言

　　我国人民的生活水平有了较大的改善和提高,果品需求量和营养质量的要求达到了一个新水平。果品优质化、营养化和多样化,成了大家的共同愿望。在这种大前提下,那些质量低劣、不对路的产品,就没有市场,没有市场就没有效益,没有效益就没有发展。我国加入世界贸易组织(WTO)以后,为我国果品参与国际市场竞争打开了一扇大门,需要果农把握机遇,利用我国人多,适于发展劳动密集型产业的优势,生产出高质量的、安全的、富有特色的果品,在国际果品市场上赢得一席之地。2003～2005年,很多外商到中国采购果品,对果品质量提出要求,包括生产过程控制,产品质量标准。国际市场的推动,将大大促进我国果品生产的发展,并给种植者带来良好的效益。

　　面对国内、国际两个大果品市场,要把握自己的气候优势、区位优势和资源优势,依靠科技进步,采用先进技术,使果品生产由粗放型向集约型转变,即节约成本,提高效率,生产出高质量、适合不同层次消费者需要的果品,来赢得消费者,赢得市场,提高经济效益。

　　致富,是勤劳与智慧有机结合的产物。特别是现代物产丰富,市场竞争非常激烈,只有勤于思考,利用聪明才智,才能赚更多的钱。乡村专业合作社、专业协会等合作组织是为克服家庭分散经营小规模、小批量、低商品率、低效益和竞争力弱等弊端,应运而生的真正属于农民自己的经济组织。把农民组织起来,进行规模生产、规模经营,才有强大的竞争力。

提高经济效益,应以提高果实质量为中心。在一定产量的基础上,提高果实商品率,做好建园、品种选择、土肥水管理、病虫害防治、整形修剪、花果管理、采收包装和市场营销工作,使桃果具有优良的外观品质、风味品质、营养品质及环境品质,卖出好价钱。

为了推动桃产业的健康发展,服务于果农,作者根据多年的实践经验,收集有关资料,从实用性、通俗性角度出发,编写本书供生产者参考。书中不足或错误之处,敬请各位专家和果农批评指正。

编 著 者

2006 年 4 月 30 日

作者联系电话:0371—65330970 66815741

手机号码:13503838966

目　录

第一章 效益问题至关重要

一、提高果品生产效益的
含义及其重要性

经济学家把"在一定资源条件下按某种方案所产生的经济效果,叫做经济效益"。"以尽量少的劳动消耗与物质消耗,生产出更多的符合社会需要的产品,就是提高经济效益"。经济效益,既需要提高劳动生产率,又必须生产出适销对路的产品,同时随着社会进步和资源的逐步减少,还要注重社会效益和生态效益,走可持续发展的道路。对于农业来讲,就是要遵循价值规律,依靠科技进步,充分合理地利用各种资源,生产品种更多、产量更高、品质更好的各种农产品,并大幅度提高土地生产率、劳动生产率、农产品商品率与农业比较效益,使农业成为具有较强竞争力和自我发展能力的现代农业。对于咱普通老百姓来讲,就是想办法让单位面积土地种出最多最好的产品,能赚更多的钱。

我国人民的生活水平有了较大的改善和提高,特别是果品需求量和营养质量的要求达到了一个新水平。要求果品优质化、营养化和多样化。那些质量低劣和不对路的产品,就没有市场,没有市场就没有效益,没有效益就没有发展。特别是我国加入世界贸易组织(WTO)以后,为我国果品参与国际市场竞争,打开了一扇大门。这就需要果农把握机遇,利用我国人多适于发展劳动密集型产业的优势,生产出高质量的、安全的、有特色的果品,在国际果品市场上赢得一席之地。2003～2005 年,很多外商到中国采购果品。他们提出对果品质量的要求,包括生产过程控制,产品质量标准,这将大大促进我国果品生产的发展,并给种植者带来效益。

面对国内、国际两个大市场,要把握自己的气候优势、区位优势和资源优势,依靠科技进步,采用先进技术,由粗放型向集约型转变,即节约成本,提高效率,生产出高质量、适合不同层次消费者需要的果品,来赢得消费者,赢得市场,提高经济效益。

提高经济效益,要以提高果实质量为中心。在一定产量的基础上,提高果实商品率,做好建园、品种选择、土肥水管理、病虫害防治、整形修剪、花果管理、采收包装和市场营销工作,使桃果具有优良的外观品质、风味品质、营养品质与环境品质,开拓出广阔的市场,并卖出好价钱。

二、我国桃生产的现状及存在问题

(一)桃生产现状

1. 栽培面积、产量成倍增长

据联合国粮农组织统计,1996 年我国桃树栽培面积 50 万公顷,产量 280 万吨,分别比 1983 年增长 5.0 倍和 5.8 倍,其增长速度比苹果、梨和柑橘快。我国桃的总产量由 1989 年的世界第六位,跃居到 1994 年的世界第一位。1996 年我国的桃产量占世界桃生产总量的 22.31%。2003 年,我国桃的种植面积达 60 万公顷,年产量为 550 多万吨,成为世界桃果的第一生产大国。

2. 品种趋于多样化

桃品种种类繁多。近几年来,我国水蜜桃、蟠桃、油桃和观赏桃,竞相走向市场,得到了不同规模的发展。

(1)白肉水蜜桃占主导地位,鲜食黄肉桃开始走向市场 白肉水蜜桃为我国人民所喜爱的传统果品,在我国桃的栽培中占80%以上。除地方名、特、优品种,如肥城桃、深州蜜桃和奉化水蜜桃外,主要是雨花露、砂子早生和大久保等品种。新建果园的主栽品种,主要为果实较大、果形正、外观美与插空补缺的早熟品种,如双丰、松森、沙红桃等,以及晚熟品种,如燕红、八月脆、万红宝和红雪桃等。鲜食黄肉桃,以其果皮、果肉橙黄,营养丰富(胡萝卜素含量较高)、香气浓郁、高糖低酸极为爽口、较耐贮运等优点,开始在上海、珠海等大城市崭露头角,售价较同期上市的白肉水蜜桃高1~2元/千克。锦绣、锦香、金凤、金花露和五月金等品种,是有发展前途的黄肉生食品种。

(2)油桃迅猛发展 油桃以其果皮光滑无毛、色泽艳丽夺目、食用方便的优点,而引起人们的浓厚兴趣。我国油桃生产的品种组成包括以下四部分:①引进国外的油桃品种,如五月火,NJN72、早红2号、NJN78和丽格兰特等。这些品种的果实外观美,肉质硬,曾经产生过很好的经济效益。但是,由于风味偏酸,故目前已不再规模发展。②20世纪80年代后期,我国桃育种工作者真正涉足油桃育种,培育出自己的甜油桃品种瑞光2号、瑞光3号和秦光等,从根本上改变了以前油桃风味偏酸的状况,受到消费者欢迎。但是,它们的果实外观欠佳,并存在裂果等问题,所以现已基本不发展。③1993年以来,有目的地开展油桃育种,推出了极早熟甜油桃品种曙光、艳光、华光、早红珠和丹墨,以及中熟品种红珊瑚、香珊瑚和瑞光18号等。这些油桃品种的果实,表现出丰产、外观美和品质佳等优点,显示出极大的市场前景。④近几年来,注重品质育种,又推出更新的品种,如丽春、双喜红、玫瑰红、中油桃4、5、7、8号,瑞光22、28号等,使油桃在颜色、风味和肉质方面又上了一个新台阶。2005年,在规模种植地区,如安徽省砀山和山西省临猗等地,中油4号和双喜红品种油桃,在桃园批发价达到1.8~3元/千克,667平方米收入在4 000~6 000元。同时,开始定向培育专用品种,如中国农业科学院郑州果树研究所培育的短需冷量品种南方早红、郑1-3,在昆明、西双版纳种植,4月上中旬上市,批发价达10~15元/千克。

(3)蟠桃走俏市场 蟠桃自古以来受到人们的喜爱。江浙一带种植较多。但由于它存在裂核、皮薄肉软和不耐贮运等缺点,因而限制了它的发展。可是,消费者对形状独特和风味极佳的蟠桃,仍十分怀恋。其早露蟠桃、早魁蜜、农神、瑞蟠4号等品种的推出,促进了蟠桃业的发展,在新疆、北京和江浙一带市场看好。2002年,农神蟠桃在乌鲁木齐市每千克售价达10~15元。中国农业科学院郑州果树研究所最新推出的蟠桃新品种"蟠桃皇后",果个大,风味浓,在西北地区很有发展前途。在山东青岛日光温室种植,其果实售价达10~15元/千克。油蟠桃也以新颖别致的特点,热销市场。

(4)观赏桃花成为早春的佼佼者 桃树以其花色繁多、枝叶百态的特点,成为主要的观赏树种之一。北京、成都等许多城市,在早春桃花盛开的季节,举行盛大的桃花节。在东南沿海地区,桃花更是备受人们的青睐。集观赏和鲜食于一体的品种,在观光果园中更受重视。尤其通过促早栽培,使观赏桃花在春节上市,其效益极高。

(5)加工用黄桃再度兴起 20世纪80年代,我国的加工桃获得了很大的发展。1987年,我国黄桃种植面积2.653 3

万公顷,占桃全部栽培面积的1/3之多,生产罐头成品8 000万吨,获得了显著的经济和社会效益。后来,由于多种原因,罐头加工业不景气,加工桃所剩无几。随着人们生活水平的提高和国际市场的开拓,桃的制罐、制片、制汁和制酱等加工业又逐步兴起。目前,几个黄桃主产区,如安徽砀山、浙江奉化、山东临沂、湖北孝感、河南灵宝、山西运城和北京平谷等地,黄桃生产势头迅猛,盛果期黄桃树667平方米的产值达5 000～10 000元。

3. 保护地栽培蓬勃发展

随着人们生活水平的提高,对反季节水果越来越感兴趣。保护地桃以其树体相对矮小、进入结果期快、成熟早、管理较为简单和无公害无污染等特点,如雨后春笋般地发展起来。保护地桃一般可比当地露地桃熟期提早15～80天,每667平方米经济效益在1万～3万元,成为高效农业的首选项目之一。目前,全国保护地桃面积超过1.333 3万公顷,形成了以辽宁省大连、山东省青岛、北京市平谷和陕西省西安等地域中心的优势产业带。

4. 栽培方式向集约化迈进

桃树在我国以大冠稀植为主要栽植方式,三主枝自然开心形占80%以上。随着新品种推出周期的缩短,以及多效唑等多种生长调节剂在桃树上广泛应用的成功,两主枝、主干形等适宜密植栽培的整形方式,所占的比例逐渐增大,并注意密株不密行,严格疏花疏果。由过去一味追求产量向讲究质量转化,如果实套袋、配方施肥、病虫害综合防治等。

5. 进出口贸易有所增加

我国进口桃,1993年为4 439吨,2003年为38 662吨。所进口的桃,主要为南半球的桃(反季节)。我国的出口桃,1993年为

701吨,2003年为18 955吨。主要是出口至东南亚和俄罗斯。

(二)桃生产存在的问题

我国的桃生产取得了长足的发展,桃栽培效益也在不断提高,但必须看到,当前在桃的发展中,还存在一些不容忽视的问题:

1. 不能因地制宜地发展,种类、品种布局不合理

桃虽然适应性较强,但品种的区域性也很强。在我国,桃品种的区域化程度低,熟期不配套,品种结构不合理,早熟桃占比例过大,缺乏耐贮运的中、晚熟品种,造成供应期失调。

2. 栽培管理水平低,果实品质差

管理较粗放,病虫害严重,结果部位外移,产量低,盲目追求提早上市而提早采收,品种特有的外观颜色以及风味不能充分表现,是造成桃果品质差的主要原因之一。一些果农不能科学管理,滥用农药,因而污染果品,污染环境。

3. 产后贮藏、加工、运输等设施不配套

桃自身不耐贮运,加之我国种植的桃品种,多以柔软多汁的水蜜桃为主,果实病虫害严重,加快了果实的腐烂。在我国,桃的产后贮藏、运输和加工等设施,目前尚不配套。加工企业之间恶性竞争,不仅抢购黄桃,而且将产品压价抛售,损害企业利益和形象。2003年,在国际黄桃罐头市场货源紧俏的状况下,我国黄桃罐头出口量增加,而价格却同比下降了9.7%,错失3 900万美元的商机。

4. 良种繁育体系不健全,苗木市场混乱

目前砧木良莠不齐,多选自然实生种子;苗木病虫害严重,如根癌病、根结线虫病和介壳虫等;品种成"灾",一些苗商不管种是否适应当地气候,只要是"新"品种,引来不结果就取条繁殖,或另取"别名",蒙骗果农;市场混乱,无序经营。因而,从品种的知识产权保护,以及技术、市场和生产诸方面,应该建立良性的苗木规范化生产体系。

三、桃生产发展趋势

果树发展,应"以市场为导向,以效益为中心,以质量为目标,以科技为依托,以产业化为纽带,突出抓好品种改良、结构调整和提高果品质量,全面推进水果生产由面积数量型向质量效益型转变"。未来的桃树生产趋势,是品种区域化、多样化、特色化和国际化;果实绿色化、优质化、高档化和品牌化;加工品营养化、自然化和情趣化;种植规模化和集团化;技术规范化、标准化;经营产业化、规则化;信息网络化。要利用中国的桃文化,建设休闲农庄和观光桃园,把桃树、桃果和桃加工品,与相关的优美文化联系起来,体现高雅的文化情趣。

(一)发挥区域优势,调整品种结构

1. 按区域布局

在我国,根据各地生态条件、桃分布现状及其栽培特点,可将我国分为五个桃适宜栽培区:华北平原桃区、长江流域桃区、云贵高原桃区、西北干旱桃区和青藏高寒桃区;以及两个次适宜栽培区:东北高寒桃区和华南亚热带桃区。

华北平原桃区,是我国桃的主要产区,可大力发展水蜜桃和油桃,满足国内外市场需要。在今后尤其要发展中、晚熟优质桃。油桃,现阶段以早熟品种为主。随着育种工作的深入,要发展果实大、外观美与耐贮运的中、晚熟品种。该区的北部是我国桃、油桃保护地栽培的最适宜区,亦可大力发展桃、油桃和蟠桃的保护地栽培。东北适宜区,可参考发展,并大力开发俄罗斯市场。

长江流域桃区,以发展优质水蜜桃和蟠桃为主。可适当发展早熟油桃品种,但要选择不裂果的品种,并适量发展中、晚熟品种。要推广果实套袋技术,改善贮运方法。主要占领长江发达地区市场。有些地区可适量进行油桃的避雨栽培。西南四川、重庆的桃主产区,可参考本区发展。

云贵高原桃区,以发展中、短需冷量的桃和油桃为主。利用海拔高差条件,生产极早熟或优质桃果,除满足国内需求外,还可开拓东盟国家桃市场。

西北干旱桃区,总的情况较为复杂。甘肃省的天水和兰州,陕西省的渭北等地,新疆的南疆,是绝好的桃、油桃生产基地,要进行规模化发展,满足国内外市场需要,并注意建立高标准的绿色果品生产园,满足高档市场的需要。新疆的北部地区,由于冬季气候寒冷,桃树需进行匍匐栽培,虽然所生产出来的果实质量好,但管理费用较高。在这里可适度发展桃生产,满足本地市场的需求。

青藏高寒桃区以果实发育期短的品种为主,适量发展保护地桃,主要满足本地市场需求。

东北高寒桃区,可进行桃的匍匐栽培和保护地栽培,适度发展,自产自销。

华南亚热带桃区,栽培桃的限制因子是冬季低温不足,桃品种的需冷量不能满足。随着世界短低温桃育种的进展,该地区应引进低需冷量桃和油桃品种,进行栽培。

桃和油桃的保护地栽培,是当今果树栽培的热点。综合生态、经济、市场与技术水平等诸多因素,我国桃和油桃保护地栽培的适宜区,应为华北平原桃区、环渤海湾地区及西北高早桃区的大、中城市郊区。从品种、熟期、品质上下功夫,主要供应高档市场。

2. 合理调整品种结构

从目前国内桃的育种水平及发展看,鲜食水蜜桃、油桃种植面积的比例,大体为 9∶1。随着油桃育种水平的提高,在 10～20 年内可逐步调整为 7∶3。

在成熟期方面,极早熟(果实发育期小于 60 天,包括保护地栽培的桃和油桃)、早熟(果实发育期为 61～90 天)、中熟(果实发育期为 91～120 天)、晚熟(果实发育期为 121～160 天)、极晚熟(果实发育期在 161 天以上)的比例,大体为 1∶3∶2∶3∶1。华北平原桃区,中、晚熟品种比例可适当增大;而长江流域桃区早熟比例可适当增大,但要注意品质的提高;局部地区可适当扩大中、晚熟优质品种的种植比例。

加工桃的发展,有赖于食品工业的兴旺。因此,加工桃的发展将会随着外向型商品经济的发展而发展。一般而言,鲜食桃与加工桃的比例可控制在 7∶3。根据目前我国市场需求情况看,加工桃的发展已有回升的趋势。加工桃的发展,要依照制罐、制汁与制脯等不同加工形式,发展相应的专用品种,改进包装,增加花色,适应消费者对食品方便型、自然型和情趣型的需要。果农要有"订单"才可种植。

3. 正确选择良种

正确认识优良品种与新品种的关系。新品种并非一定就是好品种。在一地好,到另一地未必肯定能够适应。特别要注意,新的名字不一定就是新品种。果农要认真分析广告的可信度,追寻其来源,正确选择。同时,管理部门应尽快完善管理机制,整顿广告市场,不要让农民的血汗钱白白流入图谋不轨者手中。

（二）拓宽国内市场，开拓国际市场

1. 充分挖掘国内桃市场潜力

国内市场潜力大，消费层次各异。我国对桃的消费可分为三个层次：第一，高档消费，包括反季节桃和各熟期的绿色食品桃、有机食品桃。反季节果实可在 3～5 月份上市，正值水果淡季，售价较高。绿色食品桃、有机食品桃可作为高收入者、高层次的宾馆、饭店的消费。第二，城镇居民的消费。在近一段时间内，将以提高品质、增加花色为主，大果油桃、蟠桃和鲜食黄肉桃，将成为城镇居民消费的热点。第三，农村市场。随着农民生活水平的提高，特别是新农村建设的逐步实现，广大农村将成为果品的消费大户，其消费将主要以个大、味美和廉价的水蜜桃为主。

2. 争创名牌，开拓国际市场

我国桃总产量居世界第一位，除了 20 世纪 80 年代的桃糖水罐头有外销外，桃基本是内销。美国、澳大利亚和新西兰的油桃，频频在我国各大城市的高档果品柜台出现，售价高达 80～120 元/千克。从生态角度看，我国有绝好的桃生产基地，生产出的果实可以和进口桃媲美，争创名牌，开拓国际市场也是有希望的。在我们的周边国家中，除日本、韩国及西亚部分国家外，基本都不适宜桃树生产，而日本的桃树业近年呈下降趋势，西亚的桃树业又极为落后，因此，抓住机遇与周边国家进行互补，使我国的桃走出国门。

（三）科学管理，以质量取胜

1. 加强栽培管理

过去果农只重视产量，不讲究质量，认为结的多就能卖更多的钱。而现在如果果质量不好,根本就无人问津,加上粗放管理,造成大小年严重,出现"大年累死树,小年曲指数"的现象。力没少出,收成却不好。所以,应大力推行科学管理,以质量取胜。

土肥水是基础。但化肥施用过多会破坏土壤团粒结构,恶化土壤理化性质,影响根系正常活动,果实表现个大,味淡,不耐贮存;而多施有机肥既能供给果树均衡的营养,又能有效地改善土壤结构,有利于根系的活动,果实个大,味浓,色艳。所以,要在土壤分析、叶分析指导下,科学配方,多施有机肥,合理施用化肥。很多人把果园管理的寸草不生视为最好,其实行间生草、树盘覆盖,既能改善土壤温度、湿度条件,又能增加有机质,有利于根系生长。

疏花疏果,铺设反光膜,果实套袋,以及病虫害防治时选用高效低毒药品,抓住关键时期,实行安全无公害防治等,都是提高果实质量的手段。只有果实质量提高了,才能赢得消费者,才能有市场。

2. 整顿苗木市场,建立良种繁育体系

苗木是生产的前提,关系到生长、结果、品质和效益,所以,它是一个重要的生产资料。苗木质量的优劣直接影响定植成活率、桃园的整齐度、进入结果年限和经济寿命,进而影响产量、质量,尤其果农以果为生,劣质苗木带来的影响,会直接损害生产者的利益和生计。

(1)砧木品种化 砧木材料要经过严格筛选,具有良好的亲和性、特殊的抗性和指示性。比如列玛格(Nemaguard)、甘肃桃1号、列玛红(Nemared)抗根结线虫;筑波4号既抗根结线虫,又是红叶,可以在定植后明显辨别品种是否成活。

(2)母本园优质化 除品种优良外,母本园要做到品种无差错,结果后再取条,无明显病虫害,接芽饱满。

(3)育苗标准化 苗圃地,应选择地势平坦、土壤疏松和排灌良好的地块。禁重茬,忌果园、林木苗圃地再育苗,还要进行土壤消毒处理,减少病虫害。

苗木管理要标准化。包括种子处理、播种量、嫁接高度、整形带芽的质量和枝条充实度等,按标准严格执行。要控制单位面积出苗量,保证苗木的整齐度和充实度。落叶起苗后,及时做好假植工作,防冻,防抽干,防霉烂。

(4)检疫规范化 要严格检疫制度,凡有检疫对象和控制性的病虫害,必须严格封锁,不得外运。

(5)经营法制化 果农要与苗木经营者签订购销合同,尤其是批量购进时,如果苗木出现混杂、纯度不够,与所购品种性状不符,经营者应该按双方约定或国家法律,赔偿果农的损失。使桃果质量的提高得到法律的保障。

3. 适度发展城郊观光果园

随着生活水平的提高,人们对大自然产生更浓厚的兴趣。休闲产业将是时尚产业、朝阳产业和高效产业。田园风光,幽幽曲径,农家小院,令人神往。都市人想在乡间游玩,在果园亲手摘下原汁原味的鲜桃,品尝一下农家的快乐。果农就应该迎合城里人的消费心理,利用包括桃果在内的杂果的丰富多彩,在大城市近郊建立观光果园,在城郊农家建立"农家乐",在风景区建立"逍遥居"等,一举多得。

(四)扩大优质产区种植经营规模

目前,我国的桃果年产量约550万吨,按全国13亿人口计算,人均年消费4.23千克。实际消费中,城镇要占7成。这与其他发达国家相比,还有相当大的差距。随着生活水平的提高和消费观念的改变,都会增加桃果消费量。农村是一个不可忽视的市场,其中以物易物(以粮换果)也是一种交易方式。食品加工业,制汁、制酱与制干等的发展,需要稳定的基地。另外,周边国家也是一个值得开发的大市场,外商不断订购我国的优质果品。所以,从总体上讲,只要果实销路好,种植面积还可以再增加,规模可以再扩大。重点要发展高质量、新、奇、特的品种,做到规模化发展,产业化经营。

四、提高桃生产效益的努力方向

根据目前我国以传统的小农经济为主,缺乏大的龙头企业,组织化程度低的特点,改变种植经营模式,提高果农在新形势下的思想认识,适应时代的发展是十分重要的。树立现代经营理念,提高农民组织化程度,采用优良品种,精准管理,树立品牌观念等方面,是提高包括桃果在内的果品生产效益的努力方向。

(一)树立现代经营理念

新世纪知识经济、经济全球化等新的概念、新的战略、新的环境正以不可抵挡之势,洗刷着人们头脑中一些传统的经验,也对桃树种植效益好坏,产生深刻的影响。在市场预测的基础上,根据自己的综合实力,选择发展策略、利用策略、维持策略,或反抗策略、转移策略等,指导桃种植产业,将桃种植效益不断提高到新水平。

1. 现代经营思想

经营思想是制定战略、从事经营活动的指导思想。要提高桃树栽培效益,就必须树立正确的经营思想。这主要包括以下十种观念：

(1)市场观念 市场需要什么种什么，要走向市场，占领市场，并不断抢占新市场，这是生存和发展的必由之路。

(2)信息观念 信息是宝贵的资源，无形的财富，决策的依据。要高度重视信息，尽早得到信息，准确分析信息，快速运用信息，主动赢得商机，提高经营效益与竞争力。谁获取信息早，分析得准，速度快，谁就赢得商机。

(3)时空观念 要抢农时，争市场，率先采用新技术和新优品种，发挥其早、优、稀的特点，获得良好的效益。

(4)竞争与联合观念 既要在生产经营活动中争产品，争市场，争服务，争时间，又要创造良好的协作环境，互利互惠地发展各自的优势，实现竞争与联合的辩证统一。

(5)创新观念 要积极采用新品种、新技术和新的管理方法，不断开发新产品，开拓新市场，增强经营的活力。

(6)质量观念 要坚持"质量第一"，"以质量求生存"，不断提高产品和服务质量。

(7)法制观念 市场经济是法制经济。要遵纪守法，依法经营，防止不正当的市场竞争行为，实现规范化经营。

(8)经济效益观念 经济效益是经营者生存和发展的基础。千方百计提高经济效益的经营者，是经营者所追求的重要目标之一。应该把经营与效益有机地结合起来，求得协调一致的发展。

(9)规模观念 规模经营可以获得规模效益，并提高农产品商品率。有规模能形成大市场，带动科技进步，能提高劳动生产率。但扩大规模受到诸多因素的影响，不能为所欲为。因此，讲求适度规模是规模观念的核心。安徽砀山、山西运城的规模油桃，江苏无锡、浙江奉化的规模水蜜桃，北京平谷的规模大桃和蟠桃,都是成功的例子。

(10)战略观念　经营战略是一个较长时期内相对稳定的行动指南,代表着经营者的发展方向。应该树立正确的战略观念,在复杂多变的经营环境中,发挥企业的优势,不断实现经营的目标。

2. 经营策略

在现代物产丰富,市场竞争非常激烈的条件下,只有勤于思考,利用聪明才智,实行灵活机动的经营策略,才能使经营的桃果业兴旺壮大,真正立于不败之地。在确定策略的过程中,要进行多方位的思维,以出奇策,获大胜。

(1)简单思维　某种商品少,社会需求量大,价格就高,销势就好;相反,则价格低,造成积压,出现卖难。作为种植者的思维和眼光,不能只盯着眼前的市场,要从大局的、客观的时空上了解市场、掌握市场与把握市场,不随大流,善于分析市场,在时间和品种上多出冷门,创造机遇。"挣了钱的生意不能赶,赔了钱的生意不能丢"。依靠市场当时价格去调节品种往往是一种事后调节,具有滞后性和盲目性。因此,在选择品种时必须有预见性和先进性,搞差异化生产、差异化经营。

(2)反向思维　在流行之中创独行,众行之中求反行,都有之中寻空缺,热门之中爆冷门,才能别出心裁,独树一帜,出奇制胜。所谓人无我有——就是善于占领由时间差、地区差、季节差和类型差等因素形成的市场空白带;人有我优——就是在"我有"时,准备迎接"人有"的挑战,尽快转向"我优",以保质、保鲜、保满意胜人一筹;人优我廉——就是在同样质量的条件下,提高生产技术,降低生产成本,实行价廉物美的销售方法;人廉我转——就是在市场竞争将近达到饱和点时,转产或转行。在果品过剩时,改做果汁、果酱、果脯和果酒等加工品的生产,或者生产一些特殊品种,如在水蜜桃、油桃过剩时,种植蟠桃、油蟠桃,以及盆景、插花、盆花等的生产。体现在生产决策上,就要做到:别人不种的我种,都种的我不种,不能种的我种,别人不做的我做。1993年前后,在大家都注意发展早熟桃的时候,郑州郊区一位果农种植了晚熟的秋红、燕红,因为个大、味甜、丰产,每667平方米收入在1.2万元以上。而当地当时的春蕾桃批发价只有0.4元/千克,雨花露为0.6元/千克,667平方米收入不过几百元。再比如,曙光油桃在浙江金华表现果个不大、风味亦偏淡。但是一个果农在栽培技术上下功夫,多施有机肥,铺地膜、反光膜,严格疏果,种出精品,采用精包装,卖价达6元/千克,667平方米产值9 000余元。

(3)**超现实思维** 过去人们谁也不曾想到桃树也像蔬菜一样能种在塑料大棚里,能在3月份上市、春节上市,桃花节上吃鲜桃,甚至把盆栽桃果摆在餐桌上,又有谁能想到晚熟桃还能推迟到冬季成熟,还能在树上"挂贮"。还可以开"王母娘娘蟠桃盛会",开办冬季卖桃盆花、春天卖桃插花、夏天卖桃果和秋天卖桃盆景的桃专卖店,举办桃花节、采摘节、民族风情节和地方文化节;建设桃观光园、自采桃园等。别人尚未想到你先想到,别人尚未看到你先看到,别人看不上眼你能抓住;别人尚未行动你已捷足先登,这样才能领先市场、领导市场。

(4)**创造性思维** 在激烈的市场竞争中,要勤于思考,善于发掘,别出心裁,不断有新的创造,新的亮点,开发桃利用的新价值,开辟桃市场的新天地。如把桃树种在花盆里,将结满鲜红桃果的桃树送到酒店、送到别墅、送到敬老院,摆到餐桌上吃,让客人尝鲜,为老人祝寿。采用提早休眠、打破休眠、提早开花、提早成熟,或延迟栽培等方法,经气调贮藏,让新鲜桃果,在春节上市。廉价收购鲜桃,加工制成桃粉,再加入钙、锌、铁等元素,生产出婴幼儿、中老年系列桃粉,或制成冲剂,或制成桃形点心,形成系列保健品。利用桃花对春天、美丽和幸福的象征意义,在春节赏桃花,在早春举办桃花节,让桃花创造价值,带来好运。近郊果农,利用游客观光休闲的机遇,把桃花、桃叶、桃果与桃仁做成各种美味佳肴,招揽顾客,提高种桃的经济效益。

3. 改进经营方法

(1)善良开路,诚信为本 在桃苗与果实的生产、经营者中,真正的成功者,都是因为具备了善良的本质,才在激烈的竞争中立于不败之地的。不为他人着想,就不可能受益。信用能为产品带来市场,为企业带来顾客,是无形之财。经济损失将来可以赚回来,而信誉失去,很难弥补。只有善良、诚实的作风,才能赢得客户,赢得市场,才能成为真正的赢家。

(2)善于发现,勇于创新 没有创新就没有生命。要善于在习以为常中发现不平常,在见怪不怪中发现怪相,从晨露闪烁中见日月之光,从新生事物的萌芽中见生机勃勃,目前兴起的绿色消费为果农和企业家提供了千载难逢的良机。中国乡村游将是以后的热点之一。有的果农发现城里人向往青枝绿叶间蕴藏着的鲜桃的情绪,找到了赚钱的机会,兴办"农家乐"、"逍遥居",以一个吊床、一席野菜、一只土鸡、一棵桃树和一杯泉水等,这些伸手可得的自然资源,换取了几倍、几十倍的收入。四川成都果农陈明德,4×667平方米果园,年收入10万元。他把该果园做成"海、陆、空"种养模式,将果树种在垄上,在垄下养鱼,在地面种草莓和蔬菜,让树上结果。一年下来,水果卖了3万元,"农家乐"收入近7万元。

(3)生产名牌,树立品牌 一个品牌的诞生,需要有让顾客放心的质量,有响亮上口的名称,有鲜明特点的包装和无微不至的售后服务。质量就是生命,必须有生产高质量果品的意识,有一套生产高质量果品的技术,才能在市场上有竞争力。其实,名牌也是市场竞争的"通行证"。高质量的果品,还要配上好听、吉祥、赋有特色的名称。采取能刺激消费的一流包装,再加比别人技高一筹的售后服务,产品就必然十分抢手,效益也就颇为可观了。

(4)了解消费者 要调查消费者,了解消费者,分析消费者的需要与特点,有的放矢地满足他们的消费要求。

(5)产品推介要有科学性 要实事求是,以理、以知识服人。要礼貌待人。推销要有技巧,有一定的营销知识,要有耐心、服务周到的素质,要因人而异,突出重点。同一种商品,对待不同的消费者,应该有不同的宣传,在实事求是的基础上,突出重点。如果是老年人,重点讲产品的营养价值、保健作用,桃果吃完后,桃仁还可以再利用,桃仁在酒中浸1周,晒干研末,用蜂蜜调和成丸,服用可治半身不遂;对于青少年,重点讲产品既好吃,又可以玩,比如吃完后,桃核可以磨平制作工艺品、脸谱、弥勒佛和卡通人物,具有很高的价值;对于家庭主妇,则应突出其物美价廉。

(6)定价策略 如何合理定价,整体取得好的效益,要因时因地因人而宜,根据果品质量、销售场所、竞争对手和购买主流群体等合理定价,分别实行折扣定价、地区定价和差别定价的形式,促进桃产品的销售。

(7)广告宣传 广告能传递信息,调节供求,缩短产销距离,是不见面的市场信息员、技术情报员和产品推销员,要充分加以利用。要利用广播、电视、报刊、杂志、互联网,以及路牌、橱窗等媒体,要从实际出发,力求最佳的产品宣传效果。

(8)售后服务　销售前的恭维不如销售后的服务,这是长期吸引顾客的永恒法则。聪明的苗木商,应该在绝对保证苗木质量的基础上,为果农提供最佳的品种选择,最好的技术指导,批量栽植时做好售后跟踪服务,以扩大影响,并赢得大量回头客,从而获得良好的效益。

(二)成立农民合作化组织

乡村专业合作社、专业协会等合作组织是在我国加入WTO,融入世界经济主流的宏观背景下,为克服包括桃树生产在内的家庭分散经营小规模、小批量、低商品率、低效益和竞争力弱等弊端,应运而生的真正属于农民自己的经济组织。它是依照加入自愿、退出自由、民主管理、盈余返回的原则,重点为成员服务,增加农民收入,为农民谋福祉。组织农户进入市场,形成聚合规模经济,增强整体竞争力,节约交易费用,提高经营效率;同时也是群众自我教育,传播合作精神、科学文化的大学校,又是合作人在某种领域共同利益的代表。国家推动的新农村建设,鼓励、支持、帮助成立农民合作组织,要抓住机遇,健康发展。合作组织的功能包括生产指导,为农民生产技术的提高、生产计划的制定、种植结构的调整进行全面指导;集中销售农产品,可以通过批发市场、超市、直接销售的方式,防止中间商压质压价,保护农民的利益;同时还能够促进与中间商、直销商、加工企业形成"订单农业",建立相互依存和信赖的合作关系,保持生产与销售的稳定;合作组织根据成员的需要,集中采购生产资料,统一与厂家订货,可以享受出厂价、批发价,质优价廉,降低生产成本;在一定条件下,合作社还可以建立风险基金制度,号召成员发扬互助协作精神,共同解决面临的问题,特别是抵御自然灾害。

我国的东南发达地区,如浙江、江苏与上海等地已在农村合作组织的道路上取得了可喜的成绩。如江苏常熟市李袁土地股份合作社,能人和大户带动型的浙江丽水市莲都区碧湖镇农副产品产销合作社,龙头企业＋合作社＋农户的丽水市缙云县均得利家禽产销合作社,生产经营型缙云县大洋镇果蔬协会等,不仅仅局限在果树上。在发展生产、推销产品与提高经济效益上发挥了良好的作用。也许这些合作组织还不够成熟,或者存在一些问题,意在让广大果农读者通过学习,从中悟出一些道理,举一反三,结合自己的具体情况,找出自己的特点,走出自己的创新之路。

(三)采用优良品种,提高果品质量, 树立绿色品牌

优良品种选择是成败的关键,只有品种具备了优良性状,才可能在良好的栽培条件下获得高产、优质,取得好的效益。优良品种要配套优良的栽培技术,提高果品的商品质量,并创出优良的品牌。名牌是质量的标志,是市场竞争的通行证。打造品牌对推动桃产业发展,增加农民收入,都有非常重要的作用。诸如平谷大桃、无锡水蜜桃、龙泉驿水蜜桃等,享誉海内外,给桃农带来了丰厚的收益。

(四)配套栽培技术,确保高产和优质

土肥水是基础,优良品种是前提,病虫防治是保证,整形修剪是调剂,综合措施才有高收益。要高标准建园,正确施肥灌水,合理整形修剪,严格农药化肥施用,由过去的掠夺式经营,转向可持续发展的生态桃园模式;由片面追求产量,转向单果管理的质量型生产;由过去的随意简单生产,转向标准化

生产,确保高产、优质和高效。

（五）搞好采后包装,做好营销管理

采收,是桃果品转向商品的第一步。采后分级和包装,是商品价值实现的必不可少的环节,而把产品变成货币则需要好的营销理念与管理。根据种植规模、交通条件、消费市场,做好订单销售、批发市场销售、超市销售、零售和国际市场销售;以及送货上门、酒楼宾馆等特殊场所的销售,都是提高经济效益的重要环节,必须抓好。

第二章　品种选择

一、认识误区和存在问题

种桃要赚钱,品种是关键。但一些果农因为没有相应的信息,对市场又不甚了解,故在品种选择上存在一些误区,出现一些问题。

一是心中无数,常随大流。一些果农由于信息闭塞,心中没底,怕冒风险,常常是"看左邻右舍","随大流",人家种的哪个品种卖价好,就跟着种。在这种一味求稳心态的指导下,不可能赚大钱。这是普通老百姓的习惯做法。其实,通过电视、广播、报纸、专业杂志、书籍,可以了解很多信息,知道一些优良新品种;也可以通过电话咨询、上网、实地考察的方法,了解最新、最优、适合当地气候、市场的品种。当然,要与正规的科研单位、大专院校、知名企业联系,以免上当受骗。

二是不管适应范围,盲目追求个大和晚熟。一些果农随意性太强,常常是既不考虑当地自然条件,又不知该品种的生物学特性,只要个大,不论品质;只要晚熟,不管是否能够充分成熟,抗病能力怎样,就盲目引种,结果不仅没有赚到钱,连老本也搭上了。比如湖南、湖北种植中华寿桃,裂果非常严重,流胶病、缩果病和穿孔病十分厉害;北疆露地种植中华寿桃根本不能成熟。因此,引种时一定要把品种的特征特性了解清楚,特别是对它的缺点和问题要弄明白,并与自己的实际条件相比对,分析成功的可能性。

三是盲目听信广告,不加分析。在广告满天飞,随意夸大事实的不规则阶段,一些果农不假思索,盲目听信广告单方面的宣传,甚至购买有的苗商送到家门口的劣种桃苗,结果是苗木杂七杂八,种了几年不见收成,最后只好自认倒霉,把桃树砍掉拉倒。

　　四是迷信数据,不加思考。有的果农看哪家广告写的果实大、产量高,就买哪一家的桃苗,结果到头来大桃没见着,后悔也来不及。其实,鲜食桃一般品种的产量,在保证质量的前提下,667平方米产桃2 000～3 000千克,就算不错了;早熟品种产量略低些,中、晚熟品种产量略高些。如果说某一个品种的产量高得离了谱,这就要防止上当。

　　五是引进品种,盲目求新。有些果农在引进品种时,以为新品种就一定是优良品种,把"新"与"优"二者等同起来,对那些越是没听说过的品种,越感兴趣。只看商家的广告,不调查研究,结果在老劣品种换新名的骗局面前,费钱买了"哑巴亏"吃。对于新品种要有正确的认识。新品种肯定有它的特点,要了解它与同类品种相比的优点,以及这种优点是否是你所需要的。另外,新品种也不会十全十美,有些品种的培育是有针对性的。如中国农业科学院郑州果树研究所培育的短需冷量桃品种"郑1-3"和"南方早红",就是针对南方和保护地栽培需要的。在北方露地栽培,果个小,没有竞争力;而在冬季温度较高的云南和广西栽培,就是好品种。

　　六是贪图便宜,后悔莫及。有的果农购苗时,"货比三家",谁便宜要谁的,忘了"便宜没好货,好货不便宜"的信条。到头来所买的便宜苗木鱼龙混杂,纯度很低,乱七八糟,果实量少质低,形不成商品,劳民伤财白辛苦。

　　七是布局分散,不成规模。有的果农受小农经济影响,常常以自己的直接销售能力来确定种植面积,而且在很小的地块上种植多个桃品种。他们把市场定位在"自家门口",认为这样才保险。殊不知,这种种植模式,生产规模小,品种杂乱,既难以引进先进技术和集约化管理,商品率又低,以至造成市场交易的高成本,低收益,果品积压,难于出手。尤其是一个地块品种成熟期不一致,该治病治虫时,无法打药致使病虫害加剧,损失惨重。所以,把农民组织起来非常重要。这样,才能发挥本地区域优势,进行集约化、专业化生产,创出本地名牌,看准"大市场",逐步形成销供产一条龙。特别是在流通渠道,要通过专业协会、经纪人等,"快、新、准"地捕捉市场信息,长时期保持强盛的市场竞争力。

二、主要优良桃品种介绍

生产中栽培的主要优良桃品种及其基本性状如表 2-1 所示。

三、正确选择品种的方法

桃适应性很广,是我国南北栽培最普遍的一种果树。但不同品种有其不同的适应范围,在一个地区表现好,到另一个地区并不一定就好。要知道它在引种后的表现,首先要了解这个品种的来源,包括其父、母本,育成单位的地理位置,以及这个品种有哪些优点和缺点;然后分析它可能的适应性,再通过引种试种,对其性状进行综合评价,表现好的品种再行生产推广,绝不可盲目发展。对新品种,不可盲目引种和扩大栽种面积,以免造成不应有的损失。生产中,有很多这方面的

表 2-1 主要优良桃品种的基本性状

品种	类型	果实生育期熟期(天)	郑州地区果实熟期(月·日)	平均单果重(克)	肉色	肉质	核粘离性	可溶性固形物(%)	主要特点及栽培特别注意事项	适栽范围
郑1-39	油桃	60	5·29	100	白	硬溶	粘	11	极早熟、颜色鲜艳、极丰产。注意疏果	保护地、西南高海拔及以北地区
郑1-3	油桃	67	6·5	100	黄	硬溶	粘	11	极早熟、甜香味浓、极丰产。注意疏果	保护地、西南低纬度高海拔地区
极早5-18	油桃	52	5·20	80	白	硬溶	粘	10	极早熟、颜色鲜艳、极丰产。注意疏果	保护地、西南高海拔及以北地区
千年红	油桃	55	5·25	80	黄	硬溶	粘	10	极早熟、幼树旺盛、控制树势、长梢修剪、注意配置授粉树	保护地、长江以北地区
曙光	油桃	65	6·6	100	黄	硬溶	粘	9~10	外观漂亮、味较浓、有机肥、用长梢修剪、注意配置授粉树	保护地、满足650小时需冷量的地区
艳光	油桃	70	6·10	120	白	软溶	粘	11	长势旺、少量裂果、采用长梢修剪	保护地、西南高海拔及以北地区
早红珠	油桃	68	6·8	100	白	硬溶	粘	10	有少量裂果、坐果率高、注意疏果	保护地、西南低纬度高海拔地区

续表 2-1

品　种	类型	果实生育期(天)	郑州地区果实成熟期(月·日)	平均单果重(克)	肉色	肉质	核粘离性	可溶性固形物(%)	主要特点及栽培特别注意事项	适栽范围
中油4号	油桃	80	6·18	148	黄	硬溶	粘	12	亮红、耐运、极丰产、坐果率高、注意疏果	保护地、长江以北地区
中油5号	油桃	72	6·13	166	白	硬溶	粘	10	果大、风味较浓、多施有机肥	保护地、淮河以北地区
南方早红	油桃	70	6·12	100	白	硬溶	粘	11	需冷量450小时、坐果率较高、果实较小、需疏果	保护地、西南低纬度高海拔地区
玫瑰红	油桃	86	6·28	150	白	硬溶	粘	11	风味一般、多施有机肥、坐果率高、注意疏果	长江以北地区
双喜红	油桃	90	7·2	150	黄	硬溶	离	13~15	味甜、肉硬耐运、注意疏果、在9成熟时采收	保护地、长江以北地区
中油7号	油桃	120	7·20	180	黄	硬溶	离	14~15	果大、肉硬、幼树旺盛、注意控制树势	黄河以北地区
中油8号	油桃	135	8·5	190	黄	硬溶	粘	15	果大、肉硬、幼树旺盛、注意控制树势	黄河以北地区
早红2号	油桃	90	7·5	120	黄	硬溶	离	11	味酸、肉硬、丰产、需冷量500小时	保护地、东北地区出口生产北地区

续表 2-1

品种	类型	果实生育期(天)	郑州地区果实成熟期(月·日)	平均单果重(克)	肉色	肉质	核粘离性	可溶性固形物(%)	主要特点及栽培特别注意事项	适栽范围
丽格兰特	油桃	120	8·2	130	黄	硬溶	离	12	味酸、肉硬、丰产、甜仁，适当疏果	东北、西北地区出口生产
五月金	水蜜桃	50	5·20	80	黄	硬溶	粘	10	极早熟、甜、有香味、极丰产，注意疏果，多施有机肥	除广东、广西、云南南部地区外，均可栽培
春艳	水蜜桃	65	6·5	110	白	硬溶	粘	11	极丰产，注意疏果	长沙以北地区均可种植
双丰	水蜜桃	68	6·10	110	白	软溶	粘	11	丰产性好，注意疏果	长沙以北地区均可种植
霞晖1号	水蜜桃	70	6·12	130	白	软溶	粘	12	无花粉，一定置授粉树	长沙以北地区均可种植
砂子早生	水蜜桃	77	6·20	150	白	硬溶	粘	11·7	无花粉，一定配置授粉树并人工授粉。过熟发绵，注意8成熟时采收	长沙以北地区均可种植
北农早艳	水蜜桃	75	6·22	130	白	硬溶	粘	13	大小果差异明显，注意疏果	长沙以北地区均可种植

续表 2-1

品种	类型	果实生育期（天）	郑州地区果实成熟期（月·日）	平均单果重（克）	肉色	肉质	核粘离性	可溶性固形物（%）	主要特点及栽培特别注意事项	适栽范围
雪雨露	水蜜桃	80	6·22	130	白	软溶	粘	12	外观美丽，适应性强	除广东、广西、云南南部地区外，均可栽培
早久保	水蜜桃	90	7·5	140	白	硬溶	离	11	树姿开张，幼树主枝角度略小，防后期衰弱	长江以北地区均可种植
仓方早生	水蜜桃	88	7·5	130	白	硬溶	粘	11	肉硬，耐运输，无花粉，一定配置授粉树并人工授粉	长沙以北地区均可种植
松森	水蜜桃	90	7·5	150	白	硬溶	粘	12	外观美丽，肉硬，耐运输，无花粉，一定配置授粉树并人工授粉	长沙以北地区均可种植
大久保	水蜜桃	110	7·20	200	白	硬溶	离	13	树姿开张，幼树主枝角度略小。注意疏果	长沙以北地区均可种植
川中岛白桃	水蜜桃	120	7·30	200	白	硬溶	粘	15	风味甜。无花粉，注意配置授粉树	长沙以北地区均可种植
晚久保	水蜜桃	125	8·5	300	白	硬溶	离	12	果大，肉硬，耐运，有裂核。味较淡，多施有机肥	黄河以北地区

续表 2-1

品种	类型	果实生育期(天)	郑州地区果实成熟期(月·日)	平均单果重(克)	肉色	肉质	核粘离性	可溶性固形物(%)	主要特点及栽培特别主意事项	适栽范围
有明白桃	水蜜桃	121	8·1	170	白	硬溶	粘	13	肉硬耐运，坐果率高，注意疏果	长江以北地区均可种植
燕红	水蜜桃	130	8·10	180	白	硬溶	粘	13	肉硬耐运，有裂果，外观紫红色，需套袋	黄河以北地区
八月脆	水蜜桃	130	8·10	220	白	硬溶	粘	·10	果大，肉硬耐运，风味较浓，多施有机肥。无花粉，一定配置授粉树	黄河以北地区
麦黄蟠桃	蟠桃	65	6·5	90	黄	硬溶	粘	12	味甜香，有裂核，果面颜色稍暗	保护地，黄河以北地区
早露蟠桃	蟠桃	68	6·10	95	白	软溶	粘	10	肉软，注意8成熟时采收，坐果率高，注意疏果	保护地，满足800小时需冷量的地区均可栽培
蟠桃皇后	蟠桃	71	6·13	170	白	硬溶	粘	15	有裂果，合理灌溉，或套袋，遮雨栽培	黄河以北地区，以甘肃、新疆为好
早黄蟠桃	蟠桃	75	6·20	100	黄	软溶	粘	12	味甜香，肉软，注意8成熟时采收	长江以北地区

续表 2-1

品 种	类型	果实生育期 郑州地区 (天)	果实成熟期 (月·日)	平均单果重 (克)	肉色	肉质	核粘离性	可溶性固形物 (%)	主要特点及栽培特别注意事项	适栽范围
农神蟠桃	蟠桃	100	7·10	100	白	硬溶	离	11	外观漂亮,耐小,肉质硬,离核。坐果率高,注意疏果	长江以北地区
瑞蟠4号	蟠桃	135	8·15	200	白	硬溶	粘	13	紫红色,有裂果,需套袋栽培,采收前3~4天去袋	黄河以北地区,北方延迟栽培
碧霞蟠桃	蟠桃	160	8·30	120	白	硬溶	粘	15	坐果率高,注意疏果。树势旺盛,注意开张角度	北京、河北地区,北方延迟栽培
中油蟠3号	油蟠桃	120	7·25	100	黄	硬溶	离	13	坐果率高,注意疏果	新疆、甘肃地区
NJC83	罐桃	98	7·10	140	黄	不溶	粘	12	果形圆正,果肉无红色素,加工利用率高,丰产,适当疏果	长江以北地区
金童5号	罐桃	120	7·28	158	黄	不溶	粘	12	果顶圆或略有小尖,有些年份果翼突出。注意疏果	长江以北地区
金童6号	罐桃	125	8·8	150	黄	不溶	粘	13	果形圆正,果肉橙红色,加工利用率高,注意疏果	长江以北地区

续表 2-1

品 种	类型	果实生育期(天)	郑州地区果实成熟期(月·日)	平均单果重(克)	肉色	肉质	核粘离性	可溶性固形物(%)	主要特点及栽培特别注意事项	适栽范围
金童7号	罐桃	130	8·15	170	黄	不溶	粘	13	果顶圆或略有小尖。注意疏果	长江以北地区
橙 香	制汁桃	90	7·5	110	黄	硬溶	粘	11	风味甜略有酸味,香味浓。注意疏果	长江以北地区
佛尔蒂尼·莫蒂尼	制汁桃	83	6·23	120	黄	硬溶	离	11	果实较硬,采收应略晚。酸度较大	长江以北地区
法伏莱特3号	制汁桃	76	6·20	100	黄	硬溶	半离	12	风味酸甜适中,极丰产,注意疏果	长江以北地区
红 港	制汁桃	100	7·15	130	黄	硬溶	离	13	风味酸甜适中,极丰产,注意疏果	长江以北地区
哈布莱特	制汁桃	98	7·11	130	黄	软溶	离	12	风味酸甜适中,极丰产,注意疏果	长江以北地区
满天红	观赏桃	115	7·20	110	白	软溶		12	红色重瓣花	盆栽、庭院、街道及观光果园等栽培,亦可反季节栽培
黄金美丽	观赏桃	122	7·28	140	黄	软溶		13	粉色重瓣花	同上

注:凡未包括的品种,可根据品种特性比照表中同类品种执行

· 31 ·

例子。比如南方种植油桃,很多失败了,其原因就是裂果严重。如华光品种,风味很甜,但裂果很重,在南方雨水多的地区种植,裂果更甚。再如,20世纪90年代湖南衡阳引种"瑞光2号"油桃,由于这个品种需冷量比较长,在湖南一带种植出现开花不整齐、花期持续时间长和坐果率低等问题,加上严重裂果。正是这个品种的缺点在南方表现得十分突出,使很多果农想通过种植它来发财致富的理想成为泡影。这就是不进行引种试验而盲目发展所酿出的苦果。

我们要正确认识新品种的特性。新品种与老品种相比,肯定有其长处,但具体到某一地方来讲,新品种不一定就是好品种。每个品种都有自己的特点,也有其适宜范围。如果超出这个范围,就可能是"劣质品种"了。更何况如今假的"新品种"成灾。所以,作为生产者,要正确认识新品种,谨慎对待新品种,了解清楚以后,再行引种生产。

对新品种要先引种试种,再扩大种植面积。对品种有个初步了解后,要结合当地的气候和市场条件,选择适销对路的品种进行试种。在试种的过程中,对新品种果实的经济性状、植株的生物学特征特性(丰产性、适应性、抗逆性等)充分了解后,再行推广,做到有的放矢。当然,在气候相似的地区就不必多此一举了。

(一)引种的原则

良种引种,就是把一个优良品种,从原来的栽培区域引种到另一个栽培区域的过程。引种能否成功,取决于品种的遗传基础、气候的差异性和具体的管理水平。只有充分了解品种的适应性,结合当地的气候特点,进行科学合理的管理,才能引种成功。

1. 充分了解品种的适应性

不同品种的遗传基础不同,适应范围也不同。所以,引种时首先要了解品种的来源(遗传背景),对环境条件有什么特殊要求。这样,从大的范围讲,就有六成的成功可能性。例如,桃树在冬季需要一定的低温,才能满足其休眠的需要。但不同来源的品种,需冷量不同。中国农业科学院郑州果树研究所提出我国不同生态区、品种群的需冷量(表 2-2),可供引种时参考。

表 2-2　桃不同生态群的需冷量

生态区	需冷量范围(h)	代表品种
华南亚热带区	200~300	南山甜桃(200h)
云贵高原区	550~650	青丝桃(550h)、黄艳(600h)
青藏高原区	600~700	光核桃(650h)
东北寒地区	600~700	8501、8601 分别为 600h、500h
西北干旱区	800~900	早熟黄甘(750h)、新疆黄肉(850h)
长江流域区	800~900	上海水蜜、平碑子(850h)
华北平原区	900~1200	鸡嘴白(900h)、大雪桃(1000h)、深州白蜜(1200h)

计算低温累积的方法有几种:

(1)0℃~7.2℃法　秋季利用周记温度计,计算当地日平均气温稳定通过 7.2℃ 的时间,为低温累积的开始。到第二年春季温度稳定高于 7.2℃ 时为止,该时间段内 0℃~7.2℃的小时数,即为该地区的有效低温值。

(2)犹他模型法　统计有效低温时,按犹他模型的有效低温值(表 2-3)计算。

表 2-3 犹他模型的有效低温值

温度(℃)	有效值(h)
<1.4	0.0
1.5~2.4	0.5
2.5~9.1	1.0
9.1~12.5	0.5
12.6~16.0	0
16.0~18.0	−0.5
>18.0	−1.0

(3)1 月份平均气温法 利用 1 月份平均气温计算有效低温值(表 2-4)。

表 2-4 1 月份平均气温与累积低温值

1 月平均气温(℃)	累积低温(h)
20~18.9	0~50
18.8~17.8	51~110
17.7~16.7	111~210
16.6~15.5	211~310
15.4~14.4	311~420
14.3~13.3	421~540
13.2~12.2	541~660
12.1~11.1	661~700

了解品种的需冷量,能正确指导引种和保护地升温时间的掌握,如果低温没有满足,即使给桃树有适于发芽开花的温度、湿度条件,也不能正常发芽,表现枯芽、开花不整齐(持续

时间长)、坐果率低,进而影响产量。如大久保和瑞光 2 号品种,在北京表现果个大,产量高,但引种到湖南南部就不行了,表现枯花芽严重,尤其是暖冬年份,产量较低。这是因为该品种的需冷量较长,而南方由于冬季温度较高,不能满足它对低温的需求,所以发芽、开花不整齐,进而影响产量。因此,把北方桃引种到南方时,首先要考虑品种的需冷量,要引种中、短需冷量的品种。一般 11 月份、12 月份和次年 1 月份三个月的平均气温不高于 9.4℃时,需冷量为 800 小时的品种即能满足。相反,如果把南方桃引种到北方时,要考虑品种的停止生长期。因为北方秋季低温早到,春季高温迟来,生长季显著缩短,南方品种因不能及时结束生长,不能安全越冬而发生冻害。如五月火在北京地区就不能露地栽培。

油桃以光滑无毛,色彩艳丽而深受人们喜爱。瑞光 7 号油桃品种在西北地区,个大色艳味浓,而引种到湖北,则表现果实较小,并且严重裂果,果锈、青斑病也较多。中华寿桃裂果更重,在北方必须进行套袋栽培,如果引种到南方裂果就更加严重了,并且生长过旺,落果率加大,缩果病严重。西北桃是生长在降水量少、光照强的地区,而引种到南方栽培,常表现生长过旺,树冠郁闭,成花量少,坐果率低。而白凤油桃及其后代就有很强的适应性,在南、北方地区表现均好。

2. 充分了解品种的适宜生态条件

桃树的生长发育与所在地的生态条件是一个相互联系的、完整的统一体,只有当两者的关系相互协调时,才能正常生长结果。生态因子包括生存因子(光照、温度、水分、空气和土壤等)和生长因子(风、地势、坡度、坡向和海拔高度等)。

(1)光照对生长和结果的影响　桃是强喜光树种,花芽形成的多少和饱满度,果实的风味和光泽度,都与光照强度、光照时间有直接关系。光照充足时,树体健壮,枝条充实,花芽饱满,果实色艳味美,产量也高。反之,光照差造成枝条徒长,花芽分化质量差,内膛枝枯死。果实生长期光照不足,光合产物少,果实的可溶性固形物和干物质积累少,风味淡。因此在引种时,要考虑当地的光照特点。尤其把北方品种引种到南方时,由于高温多湿,容易出现旺长(徒长),造成群体光照恶化,因此,要通过整形修剪等措施,改善树冠光照条件。而把南方品种引种到北方时,要注意防止发生日灼病。

(2)温度对生长和结果的影响 温度影响着桃的分布区域,制约着桃的生长发育速度。桃树的一切生理、生化活动,都必须在一定温度条件下进行。北方桃的适宜年平均温度为8℃～14℃,南方桃的适宜温度为 12℃～17℃。根系的最适生长土壤温度为 18℃。

桃是耐寒果树,但冬季气温在 -23℃～-25℃时,就会发生冻害。在 -15℃～-18℃持续一段时间,花芽开始表现受冻,低于 -27℃时整株会被冻死。土温降至 -10℃～-11℃时,根系就会遭受冻害。所以在引种时,要考虑当地常年冬季低温情况,低于临界温度时,要采取埋土、保护地栽培等措施,否则,会导致引种失败。而产于南方的品种,适应了温度较高、温暖季节较长的地区,生长需要较高而稳定的气温。若被引种到北方,则常会因为生长没有及时停止而遭受冻害。

当树体满足需冷量、结束自然休眠后,给予适宜的温、湿条件,树体开始活动,之后其耐寒力显著下降。若气温再降低时,即使未达到受害临界温度,也极易造成伤害。桃的花蕾能够耐 -3.9℃的低温,花朵能够耐 -2.8℃的低温,而幼果在 -1.1℃时即会受冻。所以引种时,了解当地"倒春寒"的情况,引种一些晚花品种,成功的可能性就大。

(3)水分对生长和结果的影响 桃树呼吸旺盛,不耐水淹,因此,桃树应种在地下水位较低且排水良好的地方。桃在整个生育期中,只有满足水分供应,才能正常生长发育。适当的空气湿度,可使果面免遭紫外线强射,色泽更为鲜艳。土壤水分不足,会造成根系生长缓慢,叶片卷曲,果小,甚至脱落。在保护地和高密栽培时,适度干旱能够控制树冠大小,有利于成花。所以北方桃引种到南方时,要注意防止水涝,选择地势高、土壤干燥的砂壤土地进行起垄栽培,或者进行避雨栽培。而南方桃引种到北方时,要注意干旱季节和生长发育的关系,保持土壤水分的有效供应。要特别提醒的是,由于全球气候变暖,降水量会增大,尤其多出现暴雨,所以在雨水较多地区,一定要起垄栽培。

(4)小气候对生长和结果的影响 山地由于地形、地势、地貌的不同,对桃树的生长结果产生不同的影响。海拔增高,温度会有规律地下降,一般每升高 100 米,气温会下降 $0.4℃\sim0.6℃$。海拔升高,空气中的二氧化碳减少,光照和紫外线会增强,树体相对矮小,果实风味浓,颜色加深,但果个会变小。坡度大小,对温度变化和接受太阳辐射有一定影响。同为南向坡,$10°$山坡的直接太阳辐射量为平地的 116%,$20°$山坡的为平地的 130%,$30°$山坡的为平地的 150%。但坡度加大,土壤含水量减少,容易发生土壤流失,降低土壤肥力。风有利于果园二氧化碳的流动和叶片对太阳光的接受,但风大容易出现"叶磨果"现象,尤其是油桃,表现明显,会影响果实的商品质量。所以,引种时要充分了解当地的小气候特点,引种适合在本地区生长发育的品种。

3. 了解市场需求

要了解现在种什么品种,什么品种好卖,到什么地方能卖出好价钱,未来10年又是什么样的品种吃香。要了解市场上都有什么品种,市场上还缺什么品种,现在的品种有什么优缺点,消费者的现时意见和潜在需求是什么,消费者关心的焦点在哪里。要把桃果卖好,就必须了解市场,掌握市场变化情况,从而不失时机地占领市场。根据种植规模,引种适销对路的品种。

消费者的需求是生产、经营的方向。要看到消费者的多层次性和他们需求的多样性。不同消费者通常有不同的欲望和需要,因而不同的消费者有不同的购买习惯和购买行为。了解消费者的购买心理、个性特点、文化素养、经济状况,以及社会发展水平,可以选择目标市场,制定经营战略。选择目标市场,要估计目标市场的需求,即消费者对这种产品的喜好程度、购买能力和经营者的生产、营销能力,还要认真分析自己的竞争优势,如气候优势、人才优势、规模优势、质量优势和价格优势等;以此来选择定位方式,如"针锋相对式"、"插空补缺式"、"别开生面式"和"物美价廉式"定位,引种适合目标市场的品种。

由于果品生产受自然气候的限制,具有季节性,所以,消费者对果品的需求也形成了季节性变化。如果采用先进的技术,满足桃树生长发育所需的各种环境条件,生产出反季节的桃果,就可以取得丰厚的经济效益和社会效益。如春节上市的桃卖到 60~100 元/千克,春季开花的盆栽观赏桃卖到30~1 000 元/盆。要生产反季节上市的桃,就要引种成熟早、需冷量短的品种。

把各主要桃产区按果实成熟期分布绘出图 2-1,从中可以看出,缺桃区为广州、南宁、长沙、杭州、昆明,长春、哈尔滨、呼和浩特,拉萨、银川、西宁、乌鲁木齐,即南方、东北、西北三大区,空当时间在 10 月至次年 5 月份。各地应该根据大的货源及缺货情况,在科学指导的前提下,发展自己的生产,找到自己的落脚点。

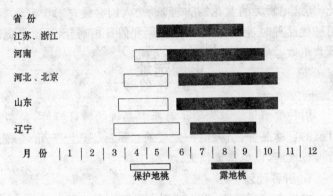

图 2-1　部分主要桃产区桃果成熟期分布

　　不同文化背景,不同宗教信仰,不同气候特点下形成的人类地域性分布,也形成对水果类型、水果品味的不同地域性要求。所以,在不同地域生产和销售桃果,要了解人们的基本习惯,比如广州人喜甜、脆型,江浙人喜柔软多汁的水蜜型,北京人喜大果、高糖低酸型,北京农村人喜绵甜型等。引种时,要根据目标市场,有针对性地选择符合当地人们对桃果类型的喜好习惯的品种。

　　假日消费是经营者的黄金时段,假日和中国人的传统节日是消费高潮期。"五一"节、端午节,中秋节、国庆节,春节是中国人三个重要的时段节假日,人们在节日期间,对包括桃果在内的果品具有很强的购买欲望。为了满足人们的需要,可以利用保护地栽培在"五一"节上市;通过选用极早熟品种,如千年红、极早 518、郑 1-39 和五月金等,进行露地栽培,使桃果在端午节上市;通过提前休眠、选用短低温、极早熟品种和促早措施,使桃果可以在春节应市;也可以采用容器种植、冷库控温、温室调温等措施进行桃果的工厂化的周年生产,使桃果在重大节日时应市;通过日光温室盆栽观赏桃,使它在春节开花,其鲜艳娇美的盆花、花枝都很受人们喜爱;如此等等。在引种桃品种时,注意使它的成熟期和假日相吻合,这也是提高桃栽培效益所不能忽视的重要方面。

(二)引种的方法

引种要慎重。首先要了解所引品种的特征特性,是否是自己的目标品种,引种后一定要通过试验,被生产、市场确认后再行推广,以免造成损失。

1. 引种计划

根据自己的需要,提出要引入品种必须具备的特点,再向有关供种单位咨询,选择自己的目标品种。对选择的目标品种要进行全面的了解,包括遗传背景、适应范围、果实发育期、是否裂果、果实大小、风味类型、颜色情况和产量高低等综合性状。必要时,可在果实成熟期到实地考察一下为最好。

选择引种单位非常重要,特别是在苗木市场比较混乱的情况下,要到正规的、有信誉的、有质量保证的和三证(育苗生产许可证、苗木质量合格证、检疫证)齐全的科研、大专院校、大企业引种。最好到品种的原产地或培育单位引种,质量更为可靠。切不可贪图便宜,以免受骗上当。

引种材料可以是苗木,或者接穗。如果自己有大树,最好能引入接穗。高接后结果早,能在较短时间内评价品种的可行性。高接树果实明显增大。也可以进行密植栽培,第二年就可以结果。

2. 进行引种试验

对引入品种要进行科学的试验,全面评价其生长结果习性、果实经济性状、品质、耐贮运性、丰产性及抗性等。在试验过程中,要认真进行观察和记录。其观察项目详见表2-5。

表2-5 桃品种引种观察记录表(_____年)

品种名称:_____

◆果实性状

平均单果重(g):_____ 可溶性固形物含量(%):_____

果　　形:　A扁平　B扁圆　C圆　　D近圆　E卵圆　F椭圆　G尖圆

果　　顶:　A凹入　B圆平　　C圆凸　D尖圆

两 半 部:　A对称　B较对称　C不对称

成熟状态:　A一致　B较一致　C不一致(顶、缝合线、里、外先熟)

裂　　果:　A无　　B少　　C中　　D多

果皮色彩:　A无　　B粉红　　C红　　D紫红

着色面积(%):_____

果肉色泽:　A绿　　B绿白　　C乳白　D乳黄　E黄绿　F淡黄　G橙黄　H红
　　　　　　 I紫红

肉　　质:　A绵　　B软溶　　C硬溶　D不溶　E硬脆

汁　　液:　A少　　B中　　C多

香　　气:　A无　　B淡　　　C中　　D浓

风　　味:　A酸　　B酸多甜少　C酸甜适中　D酸少甜多　E淡甜　F甜
　　　　　　 G浓甜

异　　味:　A苦(轻、中、重)　B涩(轻、中、重)　C其他

核粘离性:　A粘　　B半离　　C离

裂　　核:　A无　　B少　　　C中　　　D多

碎　　核:　A无　　B有(少、中、多)

耐贮运性:　A不耐　B耐　　　C极耐

丰 产 性:　A极低　B低　　　C中　　　D高　　　E极高

其他明显优缺点:

果实评价:

品种名称：_____

◆ **物候期**

始花：_____ 盛花：_____ 果实成熟期：___月___日果实生育期(天)：____

大量落叶期：_____ 落叶终止期：_____ 生育期(天)：_____

◆ **植物学特征**

叶腺形状：A 肾形　　B 圆形　　C 无

花　　形：A 铃形　　B 蔷薇形　C 菊花形

花　　色：A 深红　　B 红　　　C 深粉红　D 粉红　E 粉白　F 白

花粉有无：A 有　　　B 无

◆ **生物学特性**

树体长势：A 强　　　B 中　　　C 弱

树姿开张性：A 直立　　B 半开张　C 开张

主要结果枝：A 花束枝　B 短果枝　C 中果枝　　D 长果枝

花芽起始节位(节)：_____ 节间长度(cm)：_____

单花芽/复花芽：_____

总　评

3. 市场检验

只有市场接受的品种才是好品种。通过果实上市销售，反馈信息，选择适销对路、经济效益高的品种进行生产。

4. 引种注意事项

(1) 引进的品种要纯正　品种纯正，才能形成商品，打入市场，占领市场，产生理想的效益。所以，引种时一定要千方百计保证品种的纯度。

(2) 做好引种登记　要记录清楚引种地点、引种时间、引种人、引种材料、引种数量和提供者的联系方式,并保存好购买发票等,以便以后进行交流和反馈信息,或引种出问题时进行联系。

(3)做好检疫工作 对具有传染性的病虫害,要认真做好检疫工作,如根癌病、根结线虫病和病毒病等,要严禁引入,以防传播,造成损失。特别是从国外引种时,要慎之又慎。

(4)建立引种档案,总结适宜的栽培技术 对品种的树势、早果性、丰产性、果实质量、耐贮运性和抗逆性等,要全面、认真地记录在案,并总结适宜的栽培技术,为推广发展提供技术依据。

(三)品种的合理搭配

1. 根据经营方式选择品种

在选定了目标品种以后,应根据种植规模大小、经营规模能力和目的市场容量等具体情况,进行具体的品种选择和搭配。在这一过程中,既要考虑突出重点,又要做到不同熟期品种的合理搭配。

根据我国现在的国情,以下几种经营方式应采取不同的种类和比例。

(1)个体户分散经营方式 规模在 0.133~0.33 公顷,以零售为主的桃园,多在城市郊区或城镇附近、交通便利的地方,目前很普遍。它的品种可以选用 2~3 个,熟期要相互错开,每周有一个品种果实成熟,便于采摘和销售,一般 1 个月内可采收完毕。但是,要避免早、中、晚熟品种齐全,若这样,则很不利于管理。

(2)专业户小规模经营方式 规模为 3.33~66.67 公顷承包土地,建立的以批发桃果为主的桃园,多在优质桃产区、交通便利的地方。在山东、辽宁、山西老果区出现的较多。其桃品种以耐贮运、大果、风味浓的油桃、水蜜桃与蟠桃为主。要注意突出重点,品种不能过杂。

(3)专业村、专业乡、合作经营方式 这种方式规模在66.67～1 333.33公顷,成片种植,分户管理,集中销售,形成果品基地,客商自愿采购。或以农户为单位,自愿参加,成立农协或果协,走合作化道路。由农协联系销路,指导技术,农户按面积入股。这种方式,可根据气候优势选择主栽品种,如河南内乡以极早熟品种为主(位于南北交界处,又有北面环山的盆地小气候,成熟期明显提早,突出早的优势),山西运城以个大、味好、耐运的早熟品种中油桃4号、双喜红为主(光照好,土壤肥沃,能生产优质果),北京平谷以大桃为主(光照好,温度适宜,昼夜温差大),新疆伊犁、天池以蟠桃为主(气候适宜,新疆人传统喜爱蟠桃)等。

(4)公司＋合作社＋农户经营方式 这种经营方式,规模在200～1 333.33公顷以上,企业通过合作社,利用农民的土地,由农民出劳动力负责管理,管理规程由公司制定,进行标准化、规模化生产,果实归公司销售。

另一种方式是企业提供品种,农民负责种植,公司通过合作社按合同(包括质量、价格等)收购产品,可以叫做"订单农业"。特别是加工企业,如制罐头、桃汁和桃酱等,需要建立稳定的基地,签订合同,这样工厂保证货源,农民也不愁产品卖不出去,双方都有的放矢。这种桃基地的桃品种,按公司要求种植。如熙可的罐藏黄桃基地、汇源的制汁桃基地。

(5)集体经营方式 过去的国营农场、新疆建设兵团等团场性质,规模在133.33～2 000公顷。由团场统一计划,分连队(具体到人)管理,集体经营,采用机械化、标准化管理。

结合我国的西部开发,充分利用西部地域辽阔、光照条件好和昼夜温差大的特点,建立大规模的生产基地,进行科学的管理,生产无污染的绿色果品,形成西域优质果出口基地。

有实力的企业家也可以租用或购买大量的土地,雇用劳动者,按国家法律进行桃树的各种生产、经营活动。

以上这些方式都要突出重点,同时注意成熟期的合理搭配。

(6) 休闲果园　以观光、观赏、品尝、游乐与求知为一体的休闲果园,是人们体验田园之乐、自然之情的一种高质量、高效益的新兴产业。规模一般在 13.33～33.33 公顷(200～500亩),分为游乐区、观赏区、品尝区和自采区等。这也可以说是"农家乐"方式。这种果园品种要多样化、特色化和精品化,根据受众的要求种植相应的品种。

2. 配置授粉树

桃树属于自花授粉植物,一般品种都能自花结实。但是,为了保证产量,需要配置授粉树,特别是无花粉品种,必须配置授粉树。授粉品种要求花粉量大,与主栽品种同期开花或略早 1～2 天。通常有花粉品种桃园的授粉树比例为 3～5：1,无花粉品种桃园的授粉树比例为 1～2：1(整行栽植),或3～4：1(插花栽植)。同时,要求授粉品种的成熟期与主栽品种相同或相近,以便于管理。

（四）高接换种的方法

干旱、严冬地区,如新疆、甘肃,为了增加品种的抗旱、抗寒性,习惯先种砧木,两年后再高接。观光园为了增加情趣,在一株上接几个品种。农民想尽早了解新品种的优劣情况,果园发生失误,品种出现差错,或品种落后,效益不好,但树体仍然健壮时,需要通过高接换种的方法改造桃园。

1. 接穗的采集和贮运

要选择品种纯正、树势健壮与无病虫害(如介壳虫、粉蚜、病毒病等)的结果桃树为母本树,采取树冠外围生长充实的发育枝作接穗。

在生长季采取接穗时,要随采随掐叶,以防止水分大量蒸发,枝条失水,不离皮或芽失去生活力。长途运输时,需将枝条捆扎标记后装入保鲜袋(或用塑料薄膜包扎)、湿润的麻袋中,内放湿毛巾、湿纸等保湿。也可用泡沫塑料板做成的箱子,装载接穗,内填冰块、湿纸降温保湿。采用塑料薄膜包扎时,在途中要注意通风,以免高温闷芽。有条件的,可采用飞机、快速空调列车或空调汽车运输接穗,确保接穗新鲜。如果枝条轻度失水,可在湿沙中闷一昼夜,即可恢复;切忌长时间泡在水中。嫁接过程中,把枝条立放在水盆中,水深 3～5 厘米,上盖湿毛巾或草苫。接穗量大时,可放在水井、地窖和窖洞里,降温保湿。

休眠期的接穗,最好在临近发芽前采集。这样,嫁接成活率最高。若是早采,则需进行保湿贮藏。结合冬季修剪,将枝条按 50～100 根捆好(捆太大不易保存),在阴凉处埋入湿沙中。沙的湿度掌握在"一握成团,一触即散"为宜。将枝条立放,向捆上灌沙,不断摇晃,使枝条更多地接触湿沙。需长途运输时,要用塑料膜包扎,内填湿锯末、湿纸保湿,外用麻袋、编织袋包裹。注意不要受冻。

2. 嫁接技术

嫁接方法很多。桃树常用的嫁接方法,有芽接和枝接。

(1)芽接 芽接即是削取品种的芽片作接穗的嫁接方法。这种嫁接方法,接穗利用率高,操作简便,成活率也高。

①"T"字形芽接 主要在夏、秋季接穗、砧木离皮时采用。在接芽上方0.4厘米处横切一刀,深达木质部。然后,从芽的下方1.5厘米处,用锋利的芽接刀向上方推削,深入木质部约1/3,刀片到达横切刀口时停止,用左手拇指和食指掰下盾形芽片。在砧木基部离地10～15厘米处,选择光滑部位,用芽接刀横切一刀,再纵切一刀约长1厘米,将接芽插入"T"字口内,使接芽上端与砧木横切口贴紧,用塑料条绑严(图2-2)。注意横切不要太深,否则容易流胶。另外,砧木皮较厚,需用芽接刀将皮略挑起,接芽才易插进去。

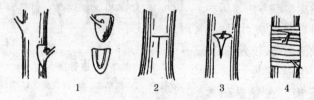

图2-2 "T"字形芽接

1. 取接芽 2. 切砧木 3. 插入接芽 4. 绑缚

②嵌芽接 主要在秋季、春季接穗不离皮时采用。在南方、中原地区,夏季雨水多,"T"字形芽接易流胶,故经常采用此法。嵌芽接成活率高,省工,若在8月底以后接,不用解绑。春季嫁接可把芽眼露出,成活后接芽长到10厘米左右时再解绑。或用地膜包裹,成活芽可以自行顶破膜长出,不用解绑。方法是在接芽上方0.8～1厘米处,向下斜削一刀,再在芽的下方0.6～0.8厘米处,向下斜切一刀,角度大于上刀,形成马蹄形。将砧木作同样处理后,把芽片嵌入砧木上,使四周对齐。通常砧木较粗,必须使接芽一侧与砧木的形成层对齐,然后用塑料条包严(图2-3)。有时伤口过大,可以贴两个芽。

(2)枝接 枝接即用枝条的一段为接穗所进行的嫁接。采用这种嫁接方法,接穗成活后生长快,当年可成形,形成花芽,但接穗使用量大,操作不如芽接方便,多作大树改接用。枝接有劈接、切接、舌接和插皮接等方法。因为桃树容易流胶,用插皮接成活率高,较为省工。

①**插皮接** 又叫皮下接。在春季砧木

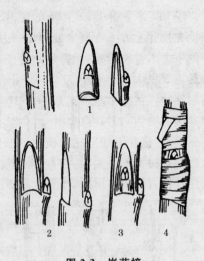

图 2-3 嵌芽接
1. 取接芽　2. 削砧木　3. 嵌接芽　4. 绑缚

树液开始流动,皮能剥离时,即可进行。选择砧木树皮光滑处,将上部锯掉,用芽接刀将锯口毛刺削平,以利愈合。把接穗下端削一长为2~3厘米的大削面,再在对面削一长约0.5厘米的小削面。将砧木纵切一刀,深触木质部。把削好的接穗,大削面紧贴砧木木质部地沿纵切刀口插入其中,上面留白0.2~0.3厘米,并保留2~3芽,然后将接穗上部剪去。砧木粗时,可在对面再插一条接穗。继而用塑料条(宽4~5厘米)绑好接口和砧木横断面(图2-4)。再用塑料薄膜卷成筒状,绑在砧木接口上下,在筒内填入湿锯末即可。其成活率可达95%以上。也可以在锯口上涂上愈合剂,用黄泥糊上,再用塑料薄膜绑缚。这种方法要先把接穗用地膜缠好再切削,防止接穗失水。

②**单芽切腹接** 在春季进行多头高接,树体损失小,恢复

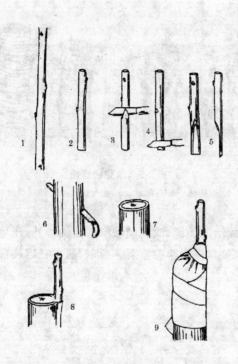

图 2-4　插皮接

1. 选枝　2. 截取接穗　3. 切削接穗正面　4. 切削接穗反面
5. 切削后的正面和侧面图　6. 锯断砧木　7. 在树皮光滑处纵切一刀
8. 插入接穗　9. 绑缚

快,第二年即可丰产。一般 3 年生以上树采用此法进行嫁接,每株接 20～30 个芽。树体更大时接芽更多。嫁接时,把接穗下端削一长为 1～1.5 厘米的斜面,留一芽后剪下。再选砧木上较粗的一年生枝或健壮的结果母枝,留 5～10 厘米长剪断,用修枝剪纵剪(稍斜)1.5～2 厘米长。然后把接穗插入其中,使它与砧木一边对齐。最后用地膜将嫁接部位连同接芽一起绑缚(图 2-5)。

图 2-5 单芽切腹接

1. 削接穗　2. 剪砧木　3. 插入接穗　4. 地膜绑缚

嫁接成活的关键,除切削和绑缚要细心外,土壤的水分供应和接穗、接口保湿至关重要。所以,通常在嫁接前要灌一次水。

第三章　园址选择与建园

桃树是多年生果树,栽上以后一般不会再移动,就像盖房子一样,必须把地址选好,把基础打牢。所以,桃园的园址选择和建园十分重要。要根据品种对气候和环境条件的要求,结合市场和自己的能力等,认真选择园址,高标准建设桃园。

一、认识误区和存在问题

一些果农随意性很强,在选址与建园上存在一些误区,妨碍桃栽培效益的提高。

一是不了解品种对环境条件的要求,盲目建园。对当地的常年气候不了解,听别人讲种桃能发财,就不管三七二十一地盲目建园。结果园址选择不当,桃园建成后经常遇到冻害、涝害和风害等自然灾害。如在南方地区,由于柑橘价格不高,许多农民感到种桃来得快,既结果早,又容易管理,效益也高,就在自家的水稻田种上了桃树,不起垄,不挖排水沟,结果夏季雨水大,桃树被淹死了。在北方,如新疆伊犁,桃价格很高,有些果农想种桃,也是不注意园址的选择,结果将桃园建在了风口处,又没有好的防护林,还不注意冬季埋土,结果桃树被冻死了。在山东蓬莱,有的农户把桃树种在丘陵的北坡,结果往往在春季桃树开花时遇到霜害,产量总是低下提不高。在广西、广东、福建和云南的一些地方,农民盲目从北方引进桃品种,不知道所引品种的需冷量,种在平地,结果开花不整齐,甚至一果无收;如果根据品种的需冷量,把它种在不同海拔的山上,效益肯定会很好。如云南西双版纳种植郑州果树研究所培育的郑 1-39、郑 1-3 油桃在海拔 1 700～1 900 米的地方,果实在 4 月上旬成熟,售价达 15 元/千克。

二是不了解具体地块的土壤条件,盲目建园。对地块的土层结构、土壤质地、地下水位、pH 值和前茬作物(特别前茬种桃、李、杏、樱桃者)等不了解就盲目建桃园,结果出现树体生长不良、叶片黄化、产量低、品质差,甚至死树现象。在河滩地建园,要特别注意地下水位,一般要在 1 米以上,或起高垄栽植才行;土壤 pH 值达 8～8.5,桃树会出现黄化、抗性差和果实品质低劣等现象;栽植在核果类重茬地上,桃树生长势弱,易感染根癌病。有的果农不注意这些,结果栽桃树也没有得到好效益。

三是不注意市场和交通条件,选址不当。桃不像苹果、梨那样耐运输,种桃必须根据目标市场选择品种,而且要交通便利有利于运销,否则,再好吃的桃运不到市场上也是白搭。但也不要建在公路旁,特别是高等级公路旁,因为污染会对果实品质造成严重不利影响。

四是观念落后,不考虑生态环境如何,将桃树栽种在水源、土壤和空气被污染的地方。认为"买桃人又不知在什么条件下生产的桃,管他呢"。普通农民总认为果个大、味道甜就算好果,就能卖好价钱。其实果实质量包括外观品质、食用品质,还包括营养品质、环境品质,果实要想卖出好价格,必须使桃树的生长环境符合一定的条件,最低也要达到无公害的标准,如果想要卖出更高的价格,就要达到绿色果品的标准,甚至有机果品的标准。

五是建园时不认真整地。土壤是果树生长的基础,尤其是坡地、山地和洼地。如果不认真修整,山坡就会出现水土流失,导致土壤瘠薄,洼地就易积水,使树体生长不良。在山地建园时,有些果农以为"一定要做成梯田"。其实,破坏原来的地形地貌,对桃树生长不利,容易发生水土流失。应该生态建园,保持原有地形地貌,适当修整,按等高栽植。

六是认为栽得越密产量越高。这也带有很大的片面性。高密度下,前期产量高这是事实,但并非越密越好。要根据土壤肥力和管理水平来合理密植。要有相配套的技术。有的重栽轻管,不会控制树势,结果长成了树林。

七是不注意配置授粉树,不注意品种成熟期的错开。有的农民买桃苗,一听说要配授粉树,就认为授粉树不是好品种,不要或配得很少,结果影响产量。果实成熟期应根据各种情况适当错开,有的果农要么种很多品种,要么只种单一品种,这都是不合理的。

八是不科学的间作套种。有的果农在建园时考虑"以短养长",把苹果、梨与桃套种,认为桃结果早,前期卖桃,后期卖苹果或梨,却不知"两耽误"。桃是强喜光树种,和苹果、梨种在一起影响光合作用,成花少。结果后梨小食心虫前期危害桃梢,后期钻苹果、梨果实;等苹果梨树结果了,为防治病害要打波尔多液,而桃对该药是过敏的(桃对铜离子过敏),打到桃树上会落叶。还有的农民认为,果树结果晚,在行间种些作物,前期有收成,但种的是高秆作物,如玉米、芝麻和棉花,有的低秆作物种得离树太近,桃树没有生长空间。更严重的是有人还认为,等果树开花后再管理,为了多收粮食,把桃树捆起来,让它为其他作物让路。这些都是极端错误的。

九是保护地建园不注意大棚的走向。很多建在公路边,有的棚与棚之间距离太近。没有想到温室、大棚建在公路旁,尘土污染棚面,影响光照。棚的走向也很关键。日光温室为东西向,大棚为南北向。有的农民见别人种大棚桃发财了,也要建棚。因为承包的土地是东西长,便只好建成东西向的大棚,岂不知这样很不科学,棚的北侧光照严重不足,表现徒长,果实品质差,产量也低。棚与棚距离近也是同样的问题。

二、正确选址

(一)充分了解桃对生态环境的要求

建园,要根据当地的气候、交通、地形、土壤和水源等条件,结合桃树的适应性,选择阳光充足、地势高燥、土层深厚、水源充足且排水良好的地块。

1. 地下水位不能高于1米

桃树属浅根性,生长旺盛,需要通气性良好的土壤。地下水位过高时,要起垄做高畦。

2. 排水良好

桃树根系呼吸旺盛,最怕水淹,既要选择便于排水的地方,又要做好排水防涝工作。

3. 土壤 pH 值不超过 8

桃树耐盐碱能力差,一般在微酸性土壤上生长良好。当 pH 值超过 8 时,会出现黄化,以致影响产量、品质和抗病性。对于酸性土壤,在整地时,可以施用适量石灰;对于碱性土壤,要多施农家肥。

4. 避开风口

桃枝叶密集,果柄短,遇风常出现"叶磨果",似果锈,降低或失去商品价值。在气候条件相对不稳的地方和丘陵山区,因为风口常会发生冻花、冻伤幼果的现象,所以要避开风口,不能在山口和沟谷地建园。

5. 忌重茬

桃树根系残留在土壤中,会分解成氢氰酸,它能抑制桃树新根生长,浓度高时会杀死新根。所以,重茬桃树表现生长弱,病害多(如流胶病、根癌病等),果实小,严重的会死树。如果必须利用老桃园时,应先种 2～3 年禾本科作物或绿肥,或先采用客土、多施有机肥的方法,减少不良影响,再栽植桃树。李、杏、樱桃园废弃后种桃,也出现再植病,应当加以避免,或作必要的处理后再栽桃树。

6. 选择阳坡

山地、丘陵地建园,应选择阳坡,避免阴坡和谷地。如果在阴坡和谷地栽植桃树,则会因为光照不足和容易遭冷空气袭击,而出现霜害和冻害,使果实产量低,品质差。

(二)环境必须达到无公害标准

无公害桃生产基地,应选择在生态条件良好,远离污染源,并具有可持续生产能力的农业生产区域。良好的产地环境,是进行无公害桃生产的基础。要求果园附近 3 千米内没有工矿企业的污染,果园河流或地下水的上游,无排放有毒物质的工厂,土壤不含天然有害的物质,园址距主干公路 50 米以上,大气、水体、土壤中的有害物质低于国家允许的标准。

1. 大气环境质量标准

无公害桃园的大气环境,不能受到污染。大气的污染物,主要有二氧化硫、氟化物、臭氧、氮氧化物、氯气和粉尘等。这些污染物直接伤害桃树的树体,妨碍桃的光合作用。人们食用被污染的桃果,会引起慢性中毒。因此,桃园的大气环境质量,应达到国家大气环境质量标准 GB 3095—82 的一级标准

(表 3-1)。

表 3-1　大气环境质量标准

污染物	浓度限值(毫克/立方米)			
	取值时间	一级标准	二级标准	三级标准
总悬浮颗粒物	日平均①	0.15	0.30	0.50
	任何一次②	0.30	1.00	1.50
飘　尘	日平均	0.05	0.15	0.25
	任何一次	0.15	0.70	
二氧化硫	年日平均③	0.02	0.06	0.10
	日平均	0.05	0.15	0.25
	任何一次	0.15	0.50	0.70
氮氧化物	日平均	0.05	0.10	0.15
	任何一次	0.10	0.15	0.30
一氧化碳	日平均	4.00	4.00	6.00
	任何一次	10.00	10.00	20.00
光化学氧化剂(O_3)	1 小时平均	0.12	0.16	0.20

注:①日平均为任何一日的平均浓度不许超过的极限

②任何一次为任何一次采样测定不许超过的极限。不同污染物任何一次
的采样时间,见有关规定

③年日平均为任何一年的日平均年浓度平均值不许超过的限值

为保护自然生态和人体健康,在长期接触的情况下,不发生任何危害影响的空气质量要求为一级标准。生产无公害果品的环境质量应达到一级标准。

2. 土壤环境质量标准

土壤污染源主要有:①水污染,它是由工矿企业和城市排出的废水、污水污染土壤所致。②大气污染,由工矿企业以及机动车(船、航天器)排出的有毒气体被土壤所吸附。③固体废

弃物,由矿渣及其他废弃物进入土中造成的污染。④农药、化肥污染。土壤中污染物主要是有害重金属和农药。因此,果园土壤监测的必测项目是:汞、镉、铅、砷、铬5种重金属和六六六、滴滴涕2种农药以及土壤pH值等。其中土壤中六六六、滴滴涕残留标准均不得超过0.1毫克/千克,5种重金属残留标准因土壤质地而有所不同,一般采用与土壤背景值相比,具体可参阅中国环境质量监测总站编写的《中国土壤环境背景值》。土壤污染程度的划分,主要依据测定的数据计算污染综合指数的大小来定。土壤污染程度,共分为5级,如表3-2所示。

表3-2 土壤污染级别的划分及危害特点

级 别	污染综合指数	类 型	危害特点
1	≤0.7	安全级	土壤无污染
2	0.7~1	警戒级	土壤尚清洁
3	1~2	轻污染	土壤污染超过背景值,果树开始被污染
4	2~3	中污染	果树被中度污染
5	>3	重污染	果树受严重污染

只有达到1~2级的土壤才能作为生产无公害桃的基地。另外,对汞、镉、铅、铬、铜的含量要求见表3-3。

表3-3 无公害果品对土壤污染物的限量要求 (单位:毫克/千克)

重金属含量 （毫克/千克）	不同土壤pH值		
	<6.5	6.5~7.5	>7.5
镉 ≤	0.30	0.30	0.40
汞 ≤	0.25	0.30	0.35
砷 ≤	25	20	20
铅 ≤	50	50	50
铬 ≤	120	120	120
铜 ≤	100	120	120

3. 灌溉用水质量标准

桃园灌溉用水要求清洁无毒。其具体标准,应按照国家制定的农田灌溉用水标准 GB 5084—2 执行,具体要求如表3-4 所示。

表 3-4　无公害桃园灌溉用水质量要求

项　目		指标(毫克/升)
pH 值		5.5～8.5
汞	≤	0.001
镉	≤	0.005
铅	≤	0.1
砷	≤	0.05(水田),0.1(旱田)
铬	≤	0.1
氟化物	≤	3.0(高氟区),2.0(一般区)
氯化物	≤	250
氰化物	≤	0.5

三、建园方法

(一)规划设计

桃园规划要根据地形、地貌、规模、机械化程度、气候特点和土壤状况等确定。对于面积比较大的桃园,要做好以下设计:

1. 防护林的建设

防护林可以降低风速,防止桃树的机械损伤和减少落果;减少土壤水分蒸发,改善桃园水分供应;防止雨水冲刷,保持坡地水土;调节园内气温,减轻冻害。因此,在建立大型桃园时,必须提前 2 年建设防护林。

一般采用透风林带,即由阔叶树与针叶树和灌木组成,林带上下具有透风的网眼结构,防风距离远。

大面积桃园的林带由 4～8 行组成,小面积桃园的林带有 2～4 行即可。林带间距 200～400 米。林带要与主风向垂直,一年中四面都受风害时,要在四周建立防护林带。实际营造时,可以结合现有道路的防护林进行。

林带与桃树间须有 10～15 米的距离,并在灌木外 2 米处挖沟断根,以免影响桃树生长。沟宽一般 1.5～2 米,深 1～1.5 米。

2. 小区的规划

在平地,桃园小区面积一般在 6.67 公顷左右。在地势平坦、机械化程度高的地区,可以扩大至 13.33 公顷。地形有所起伏时,可结合自然地貌,使小区的面积在 3.33 公顷左右。在坡地,小区的面积在 2 公顷左右。

目前,我国暂属于家庭联产承包制,不便建立规模化的果园。群众可以自发联合,凑成 2～3.33 公顷(30～50 亩)的桃园。地方政府也可以进行组织和协调,对有兴趣的农户,进行地块调整,以形成一定规模的桃园,便于管理。

小区的形状多为长方形,长边为南北向或与有害风向垂直,山区长边必须与等高线平行。在同一小区内的品种要相同或相近,以便于田间管理和统一采收。

3. 道路及排灌系统的设置

按小区的规划设计道路。主干道贯穿全园,与园外大路相连,宽 6～8 米,便于运送桃果和生产资料(肥料、农药、包装物等)。支路是连接各小区与主干道的通路,宽 4～6 米,便于农用机械进出。小区面积大时,须设田间小路。田间小路一般宽 2～3 米。要注意的是,道路宽度是桃树成形后的实际宽度。

灌溉渠道一般沿道路设置,有利于充分利用土地。渠道可用明沟或暗沟。如果水源为井水,最好能采用管道引到田间,再用软管灌溉。有条件的,最好采用涌泉灌、滴灌或微喷,这样既省水,又能有效控制土壤的含水量,满足桃树不同时期对水分的需要。雨水较多的地区,必须起垄栽植。垄与垄中间形成小沟,地面积水流入排水沟,顺排水沟由高到低,及时排出园外,改善根域环境。

4. 桃园附属建筑的安排

桃园附属建筑,包括管理用房、生活用房、农具农机室、肥料农药仓库、配药池和包装场等必须的建筑,应设在交通方便的地方。有的地方还需建筑一个位置较高的护果棚,以防果实丢失。包装场,既是果实分级包装的场所,也是果实临时贮藏的场所,同时又是进行各种活动和材料、物品进出的场地,不可忽视。

(二)种植方式

桃树生长快,枝叶多,结果早,寿命短,具体种植方式要根据气候、土壤、地势、品种特性和管理水平等确定。

1. 栽植方式与密度

(1)长方形栽植 行距大于株距,其优点是通风透光良好,便于耕作,尤其是机械化操作。采用三主枝自然开心形时,常用株行距为 3 米×4 米,3 米×5 米,4 米×5 米,4 米×6米;采用二主枝开心形时,常用株行距为 1.5 米×4 米,2 米×4 米,2 米×5 米,2 米×6 米,2.5 米×5～6 米;在土壤肥沃地区,管理水平高时,可以采用 3 米×6 米的株行距等。

(2)正方形栽植 这种栽植方式,株距与行距相等,其优点是光照分布均匀,有利于树冠发展。采用三主枝自然开心形树形时,常用行、株距为 4 米×4 米,5 米×5 米;采用主干形树形时,常用行、株距为 2 米×2 米,3 米×3 米等。

(3)双行带状栽植 这种栽植方式是两行窄,一行宽,主要用做密植栽培。

①普通双行带状 一般株距 3~4 米,窄行行距 3 米,宽行行距 6 米左右(图 3-1)。

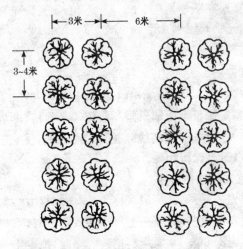

图 3-1 普通双行带状

②斜生双行带状 株距 1 米,窄行行距 0.5~1 米,宽行行距 4~6 米。采用斜栽或拉枝的方法,使单株斜生,成 50°角延伸(图 3-2)。

(4)集约草地式 株行距为 0.5~1 米×1.5~2 米。每株有两个对生枝组,采用双枝更新式整形修剪模式。

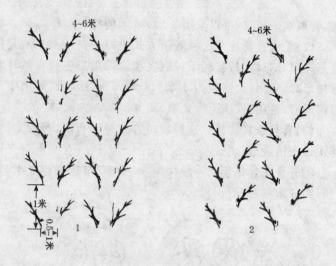

图 3-2　斜生双行带状

1. 相对式　2. 错开式

（5）**等高栽植**　山地果园一般用等高栽植，即桃树不一定呈直线排列，而是沿等高线栽植。相邻两行不在同一水平面上，但行内距离保持相等。

2. 挖穴与栽植方法

栽前先挖好树穴，一般规格为 80 厘米见方。黏土和砂石地上的树穴可大些，砂壤土上可小些。密植时，可挖成栽植条沟，沟宽、沟深 60～80 厘米。挖穴（沟）时，把表土与心土分别堆放。沟底先放入秸秆 20 厘米厚，再填入表土，后填心土。距离地表 30 厘米左右时，用心土与 50 千克/株有机肥（圈粪如猪粪、牛粪）混合填入，灌透水后备栽。

密植建园时，可以挖条沟栽植桃树（图 3-3）。

栽树前，先用 1% 的硫酸铜溶液浸根 5 分钟，再放在 2% 的石灰液中浸泡 2 分钟，以防治根部病害。在干旱地区，再蘸

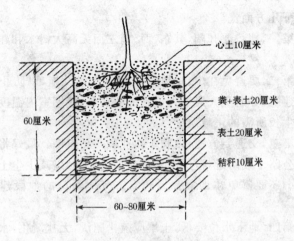

心土10厘米

粪+表土20厘米

表土20厘米

秸秆10厘米

60厘米

60~80厘米

图3-3　定植沟示意图

上泥浆保湿。定植穴内,可放少许磷肥,促进生根。切记不要放入碳铵和尿素,以防烧根。

一般从落叶后到发芽前均可栽植。栽后一定要灌透水。春旱地区也可秋栽,栽时注意根颈部培土堆保湿。

栽后,根据以后拟采用的树形定干。有的地区,为防止鼠害、兔害和金龟子危害,用10厘米宽的塑料袋把主干套上,并将口袋下端埋入土中。待发芽后,先在袋上捅些小洞透气,以后于傍晚或阴天将塑料袋逐步打开。

(三)保护地建园

保护地设施的设计和建造,应在采光、保温和通风的前提下,满足桃的生长发育需要,以获得较高的产量和质量。

设施是长久性建筑物,投资大,必须选择最适宜的地段建造。尤其我国设施生产发展迅速,从一家一户走向大规模生产,更要合理选择场地,并认真做好规划。具体说,要特别注意以下几方面：

第一，地势要开阔，其东、西、南三面无高大树木和建筑物遮荫。

第二，要避免在山口、风道和河谷修建设施，以防止大风吹坏建筑，并避免大风加大设施的散热量，使棚室内温度维持桃树生长所需的正常温度。

第三，交通要方便，以利于作业和产品运销。最好将设施建在公路干线附近，但又不要过分靠近公路，以减少尘土污染棚膜。还要避免在烟雾弥漫和有害气体污染的地段建造设施。

第四，地下水位要低，土壤应疏松肥沃，无盐渍化，水源应充足且排水良好。

第五，在冬季温度较低地区，还要考虑电力、燃料等的充足供应。

第四章　土肥水管理

土、肥、水管理,是桃树栽培的基本内容。创造有利于根系生长的环境,增强根系的吸收能力,提供桃树生长结果所需的营养物质,保证水分合理供应,是桃树丰产优质的必须条件。但是,有不少果农只重视整形修剪和病虫害防治,忽视树下管理,这也是妨碍桃树种植效益提高的原因之一。

一、土壤管理

(一)认识误区和存在问题

一是注重地上管理,忽视根系管理。很多果农感觉根系生长在地下,"除除草,浇浇水,撒把化肥就得了"。其实,地上和地下是一个相互联系、相互影响的统一体。根系活动所需要的营养物质,靠叶片光合作用制造的有机物质,通过韧皮部(农民可以理解为树皮)向下输送到根部;而地上部分所需的矿物质和水分,主要通过木质部(农民可以理解为中间的木质)向上运输,供应给地上部各个器官。其地上部和地下部,是一个有机的平衡体,所以根系管理十分重要。如果土壤板结、积水,根系就不能正常呼吸,时间长了,就会引起叶片黄化,果实脱落。在密植园,为了控制树势,可采用限根栽培,或进行根系修剪,来限制根系的生长。

二是杂草吸收土壤养分,除得越干净越好。对这种"卫生地"又不及时补充有机质,会使地力逐渐下降,并且引起水土流失和风蚀,特别是坡地、山地和砂地最为明显。据中国农业科学院郑州果树研究所 1975～1976 年在河南省民权县对粉砂质土壤桃园的观测,清耕园表土被风吹走约 12 厘米厚,而种植毛叶苕子的果园反被落砂增厚了 8 厘米左右。清耕桃园在夏季地温过高,妨碍根系活动。

三是认为行间种植绿肥,会消耗土壤养分,并增加病虫害。这种认识不够全面。行间种植绿肥,在某些阶段确实会和桃树争肥争水,但可以通过增施氮肥、酌情灌水、增加刈割次数来调节。从总体上看,它对桃树的生长和结果是利大于弊。种植绿肥,能够增加土壤有机质含量,提高养分利用率,保持水土,改善桃树生长环境,有利于有益昆虫的生活与繁殖,减少农药污染,提高果实质量,从而提高经济效益。

(二)正确进行土壤管理的方法

1. 土壤耕作

桃树根系发达,吸收根多,但分布浅,主要集中在土表 20～40 厘米深的范围内。所以,土壤管理显得极为重要。桃园土壤管理,包括土壤理化性质的改善、土壤培肥、土壤耕作、生草与覆盖等。通过管理,扩大根域土壤范围,培肥地力,增加土壤有机质和养分,供给桃树更丰富更有效的水分和养分;疏松土壤,增强土壤的通透性,有利于根系向更远的地方发展;保持好水土,为桃树创造稳定的生长环境。

在桃苗定植后 1～2 年内,行间可以间作其他作物,如花生、大豆、红薯、草莓和药材等。但要避免种植高秆作物,如玉米、棉花等,因为高秆作物会严重影响树体的生长,并招至蚜虫、红蜘蛛和浮尘子等害虫。种植番茄和西瓜,在砂土地能使根结线虫加重。所以,在选择间作物时,要考虑病虫害的发生,以及与桃树争水争肥的问题。

株间要经常松土除草。尤其较为黏重的土壤,灌水后要及时松土保墒,防止裂缝。秋季可进行一次深耕(30 厘米左右),熟化土壤。对丘陵坡地,结合秋施基肥(撒施)耕翻一次,既有利于土壤风化,又保水养墒。有条件的地方还可覆草。如在湖南经常出现伏旱和秋旱,通过覆草(铺盖稻草、麦秆、玉米秆和杂草等)可有效减少水分蒸发,降低地表温度。同时,覆草腐烂后可以成为良好的有机肥。对杂草,要"除早;除小,除了"。

2. 桃园生草技术

(1)草种选择原则 选择桃园生草用的草种,应符合以下要求:

①**对自然环境和果园环境适应性强** 桃园的生草,是在行间和树冠下生长,要求草种具有耐阴和耐踩的特点,并能安全越夏和越冬。

②**有利于培肥土壤** 草种要生物产量大,覆盖率高,须根发达,易腐烂,有利于提高土壤肥力。

③**有利于桃树生长** 低矮且不缠绕攀缘,不分泌、排放有害物质,与桃树无共同病虫害或病虫害的转移寄主,有利于保护害虫的天敌。

④**容易管理** 易刈割,再生能力强,病虫害少,用于养殖时适口性要好。

(2)适宜品种

①**白三叶** 属多年生草本植物,可持续生长 7 年以上。主根短、侧根发达,85.3%的根系分布在 0～20 厘米厚的土层内。匍匐茎长 30～60 厘米,节节能生根,密生根瘤。叶片中央有白色"V"字形斑纹。耐阴性好,能在 30%透光率的情况

下生长。具有一定的耐寒、耐热能力,在 3℃~35℃范围内均能生长。最适生长温度为 19℃~24℃,返青后能耐-3℃~-5℃的霜冻,晚秋遇-7℃~-8℃的寒冻,仍能恢复生长。在北方地区,一年可刈割 2~3 次,是家畜的优质饲料。幼苗抗旱性强。

白三叶一般是秋播(在 8 月中旬至 9 月中下旬),也可进行春播(在 3 月中下旬)。气温稳定在 15℃以上时,即可播种。具体时间,可根据天气和土壤墒情确定。播种量为 8~13 千克/公顷。条播时行距 15~30 厘米,深度为 0.5~1.5厘米。白三叶苗期抗旱性差,要适当补水或覆盖。刈割时,一般留茬 5 厘米高,以利于再生。

②毛苕子 属一年生或越年生草本植物。当年播种,夏末枯萎,秋季种子再生。根瘤发达。茎匍匐蔓生,长 1~2 米。据中国农业科学院郑州果树研究所报道,种植毛苕子,平均每667 平方米产 2 312 千克鲜草。能显著增加土壤有机质并改善土壤结构。一般一次播种,可连续 7 年产草,第七年的产量仍很高,是砂地果园改土增肥的良好绿肥品种。毛苕子耐寒性强,在-30℃下仍能生存。它耐热性较差,日平均气温30℃以上时生长缓慢。不耐水淹。

毛苕子一般是秋播(在 8~9 月间),也可以春播(在 3 月中下旬)。播种量为 45~60 千克/公顷。种子用"三开对一凉"的温水,浸泡 24 小时,晾干后播种,可提高发芽率。条播时,行距 30~40 厘米,深度为 1~2 厘米。

③紫花苜蓿 属多年生草本植物。主根明显,有的深达2~4 米,通常分布在 0~30 厘米深的土层内。羽状三出复叶。适宜于幼龄果园生草用。水分充沛时,年产鲜草 45~50吨/公顷,一年可刈割 3~4 次。

苜蓿种子小,幼芽嫩弱,顶土能力差。所以,播前土壤要充分浇水,播后不再灌水,防止闷芽。播种一般为春播。条播时,沟深2～3厘米,行距15～30厘米。苜蓿需水量较大,在生长期田间持水量在50%以上才能生长良好,但又怕水淹。第一次刈割期,掌握在第一朵花出现到1/10开花期间。此时它营养含量高,再生性好。留茬高度为5厘米左右。最后一次刈割后,必须要有20～30天的生长时间。

(3)果园生草发展养殖业的利用模式

①果草禽复合生态系统 通过大量实验研究证明,果园种草养禽(鹅、鸡)是完全可行的,效益十分显著。果园养鹅和鸡,本身可获得一定的效益。鹅、鸡粪及牧草枯枝落叶返还土壤,可以改良土壤,提高土壤肥力。在果园的管理中,牧草的管理和养鹅养鸡的管理互不相碍,而且相辅相成。

安徽省宿州市高滩村的中日高科技示范园内,1999年苹果园种植苜蓿,放牧养鹅的试验结果显示,利用苜蓿放牧养鹅,比野草放牧养鹅的日增重提高22.35%,投入产出比提高22.63%。按当时鹅的售价每千克7.2元计,食苜蓿草的鹅平均每只盈利7.82元,食野草的鹅每只盈利5.62元,增加2.2元。

用苜蓿草放牧养鹅与用野草放牧养鹅,二者的效果比较如表4-1所示。

表4-1   苜蓿草与野草放牧养鹅效果比较

组　别	出壳重(g)	出售重(kg)	日增重(g)	料肉比	投入产出比
食野草组	121.5±115.1	2.80±0.46	35.13	2.85∶1	1∶1.9
食苜蓿组	121.5±115.1	3.41±0.30	42.63	2.34∶1	1∶2.33

桃园养土鸡技术:雏鸡需要在育雏室内饲养。这个时期

大约有1个多月。雏鸡需要保温,而且要接种疫苗。需要饲喂配合饲料,10天后可以添加少量青绿饲料。20日龄后,可以在没有风的晴天放到育雏室外活动(晚上赶回鸡舍)。随着日龄的增长,在室外活动的时间可以逐渐延长。45日龄后,只要不是下雨或大风天气,都可以让鸡在室外活动。傍晚要把鸡赶回鸡舍,使其养成回舍过夜的习惯。要适时补喂饲料。鸡到了1月龄后,白天要让鸡群在果园内采食青草、昆虫和草籽,傍晚补充一些配合饲料。补充多少,应该依野生饲料资源的多少而定。在桃园,每0.67公顷安装一个黑光灯,用来引诱虫子(金龟子、蛾类等),既灭虫又给鸡增加了营养。还要确保鸡的安全。一是防止兽害,比如老鼠、黄鼠狼等动物,人可以居住在鸡舍附近,也可以养几只鹅或猫,以驱赶会对鸡造成威胁的动物。二是要防止中毒。如果在果园里面喷洒了农药,就应该把鸡群关在鸡舍内饲喂;如果需要从果园割草喂鸡时,一定要考虑到草料的安全性。同时,还要注意搞好疫苗接种和药物防病。注意不要让鸡上树,防止损坏花果;或者根据桃的物候期,合理放养土鸡。土鸡市场售价比肉鸡高出1倍以上。

②果草羊、牛复合系统　果园种草养牛羊,不仅可以增加载畜量,提高经济效益,而且羊粪、牛粪还田可以肥田,提高生态效益。另外,还可以解决农村剩余劳动力的出路问题。因此,果草羊、牛复合系统,具有广阔的推广前景和现实的可操作性。

果树行间间作苜蓿,用苜蓿作饲料饲养羊或兔,能实现以果养牧、以牧促果的良性循环。一般在行间地面覆盖度达到50%时,每年可产鲜草7.5万～9万千克/公顷。这样,不但解决了果园肥源问题,而且苜蓿还具有防止风蚀和雨水冲刷、改善土壤结构等作用。

在果园内种植苜蓿,对园地平整度、栽植方式等无严格要求,无论平地果园或山地果园均可种植。每年多次收割,既可作为羊、兔的鲜料,也可制作成干草贮藏,为羊、兔等草食家畜越冬提供饲草。还可将其他残体翻入树冠地下作为肥料。

苜蓿的采收时间,要与果园打药的时期协调好。打药要尽量少用剧毒杀虫剂,一旦需要使用,则要提前或错后20天以上再收刈苜蓿草。兔、羊要分别采用笼养和圈养,不宜散养到果园,以免给果树造成伤害或使羊、兔发生食物中毒等。

1995年,河南省济源市西部山区,进行果园种草养羊的实验,获得了明显的经济、生态和社会效益。实验设置三种模式,即幼龄果园套种紫花苜蓿养羊,初果期果园套种白三叶养羊,盛果期果园套种白三叶和黑麦草养羊。果园种草养羊效果分析见表4-2。

表4-2 果园种草养羊效果分析

模 式	果园种草面积(667m²)	单产(鲜重)(kg/667m²)	总鲜草产量(10⁴kg)	可育肥体重为50kg的羔羊数(头)	总经济效益(万元)
幼龄果园套种紫花苜蓿养羊	200	2650	53		
初果期果园套种白三叶养羊	800	1800	144	4283	107
盛果期果园套种白三叶和黑麦草养羊	200	2000(黑麦草)1000(白三叶)	40(黑麦草)20(白三叶)		

(4)桃园覆盖技术 目前,常用的是株间覆盖。原料主要是作物秸秆或杂草,如麦秸、玉米秆和绿肥等绿色覆盖物。

①**桃园株间覆草的作用** 覆草可减少桃园地表蒸腾60%以上。覆草地段的土层内,可提高土壤含水量41.98%,干旱年份也可提高26.94%。丘陵桃园覆盖可减少地表径流,防止水土流失。覆草能调节地温,使夏季最热时地温下降,有利于根系的生长。覆草腐烂后,可增加土壤有机质,增加通透性,有利于根系活动和吸收,还可以防止土地返碱。

②**覆草技术** 覆草一般在春季进行。由于草量的限制,多实行株间覆盖,厚度为15~20厘米。在覆盖物的边缘和上面,要稍撒一些碎土,以防干草起火或被风吹走。

二、施肥技术

在桃的生命周期中,需要吸收多种营养元素,最主要的是碳、氢、氧、氮、磷、钾、钙、镁、铁、硫、硼、锰、钼、锌、铜等元素。其中的碳、氢和氧,可以通过水和光合作用所产生的糖类,以及有机肥腐解释放的碳素而得到满足,一般不需补充(保护地栽培时需补充)。其他12种元素均由根系从土壤中吸收而得。土壤的自然肥力会逐年下降,必须适时适量给予补充,也就是不断地进行施肥。但施肥时间、施肥方法和施肥量的确定,是要讲科学的,有些农民存在一些误区。

(一)认识误区和存在问题

一是以为肥料越多越好。果农知道缺肥不行,但不知道肥料施得多了也不行。有些果农在种树时,因为树苗贵,品种好,希望树长得快,长得大,早结果,多结果,就在定植穴内施很多没有腐熟的圈粪,又加些尿素或碳铵,结果树发芽后长到 5 厘米左右,都萎蔫了,也叫"回芽",就是把树苗"烧"死了。有的果农知道多施有机肥,桃果实风味浓,就往地里猛施,结果使桃子反而味淡。如平谷的一部分大桃,果个很大,颜色漂亮,就是味道不够甜,其原因就是施猪粪、鸡粪太多了。动物粪便里含有氮(表 4-3),施多了氮素会过剩,照样引起旺长,使果实味淡。在同样的有效叶面积下,产量越高、果个越大,风味就越淡。

表 4-3 农家肥的营养成分 (%)

肥料名称	氮(N)	磷(P_2O_5)	钾(K_2O)	性 质
猪 粪	0.56	0.40	0.44	暖性、劲大
猪 尿	0.30	0.12	0.95	碱 性
牛 粪	0.32	0.25	0.15	冷性、腐烂慢
牛 尿	0.50	0.03	0.65	碱 性
马 粪	0.55	0.30	0.24	热性、劲短
马 尿	1.20	0.10	1.50	碱 性
羊 粪	0.65	0.50	0.25	分解快、养分浓厚
羊 尿	1.40	0.03	2.10	碱 性
鸡 粪	1.63	1.54	0.85	迟效肥
鸭 粪	1.10	1.40	0.62	迟效肥
鹅 粪	0.55	0.50	0.95	迟效肥
蚕 粪	2.2～3.5	0.5～0.75	2.4～3.4	迟效肥
大豆饼	7.00	1.32	2.13	饼肥含有机质多,肥效久
棉籽饼	3.41	1.63	0.97	同 上
芝麻饼	5.80	3.00	1.30	同 上
花生饼	6.32	1.17	1.34	同 上
菜籽饼	4.60	2.48	1.40	同 上

二是认为"树干下面根大,追肥离树干越近,吸收越好"。殊不知,当年小树如果化肥离树干太近,会"烧"坏树苗。即便是大树,树干近处主要是很粗的固定根,吸收功能很差。所以,追肥应施在树冠外围枝叶最多处,那里根系最多。

三是追肥时间掌握不当。有些果农秋季仍施用氮肥,使桃树长势过旺,或在行间套种蔬菜,施化肥过多或施肥较晚,使桃树停长晚,组织不充实,在北方较冷地区容易遭受冻害。

四是叶面喷肥不注意时间及浓度。叶面喷肥又叫根外追肥。它是将营养液喷洒在桃树的叶片、枝条、果实上的追肥方法。肥液主要通过叶片的角质层和气孔进入树体,以叶背吸收最好。喷肥针对性要强,缺什么补什么,并且要均匀周到,以上午9时以前,下午4时以后为最好。一般用量以叶面开始滴水为准。为提高肥效,节约肥料,可以在肥液中加入少量中性洗衣粉。浓度一定按说明书上配制,不能凭感觉,以免产生肥害。

五是只有在农闲时才施有机肥。这也有失偏颇。基肥应占全年总施肥量的1/3～1/2。它提供多种营养元素,与无机肥混施,可以减少锌、铁、镁、磷等元素的固定或流失,提高利用率。过去习惯在冬季农闲时施肥,实践证明,以秋施基肥为好。因为秋季(9～10月份)地温较高,土壤墒情好,土壤中微生物活动旺盛,有利于肥料腐烂分解。而且此时根系仍在活动,断根还可再生新根,具有吸收能力。吸收的养分贮存在树体中充实花芽,有利于翌年的开花坐果。同时,秋施基肥比冬施基肥还可减缓第二年新梢的长势,避免新梢生长和果实发育间的矛盾,减少生理落果。

六是重氮肥轻磷、钾肥。使用氮肥后枝叶茂盛,果实增大,所以很多人偏重于施氮肥。其实,磷在土壤中移动很小,不超过 3～5 厘米,主要以难溶性矿物态存在。只有在微生物,如磷化细菌的作用下,转化为有效态,才能被利用。在石灰性土壤中,还与钙、铁、锌合成难溶性化合物。钾在土壤中,98％以上以矿物状态存在,经过风化和微生物如钾细菌分解后,才能变为可利用态。所以,必须补充适量的磷和钾,通过有机肥和无机肥的配合施用,才能满足桃树生长和结果的需要。

(二)正确施肥的方法

1. 桃对养分的需要

桃树生长快,枝叶多,对营养需求量较高。营养不足时,树势明显衰弱,果实品质下降。缺少某种元素时,可能表现缺素症,影响产量和风味,抗性减弱。但营养元素过多时,又会出现中毒或元素的拮抗作用,同样表现缺素症。各种元素的适量范围如表 4-4 所示。

表 4-4　桃新梢叶片的营养诊断指标　(7 月份取样)
(shear 和 faust,1980)

元　素	缺　乏	适　量
氮(%)	<1.7	2.5～4.0
磷(%)	<0.11	0.14～0.4
钾(%)	<0.75	1.5～2.5
钙(%)	<1.0	1.5～2.0
镁(%)	<0.2	0.25～0.60
铁(mg/kg)		100～200
锌(mg/kg)	<12	12～50
锰(mg/kg)	<20	20～300
铜(mg/kg)	<3	6～15
硼(mg/kg)	<20	20～80

各地的试验资料表明,每生产 100 千克桃,需要吸收氮 0.3～0.6 千克,磷 0.1～0.2 千克,钾 0.3～0.7 千克。由于养分流失、土壤固定和吸收能力不同等因素的影响,以及土壤类型、管理水平的高低,施肥量有较大差异。一般高产桃园每年的 667 平方米施用量,以纯氮计为 20～45 千克,磷肥以五氧化二磷计为 4.5～22.5 千克,钾肥以氧化钾计为 15～40 千克。桃也需要微量元素和钙、镁、硫等元素,主要靠土壤和有机肥提供。对于土壤瘠薄、有机肥少的桃园,可以根据需要施用微量元素肥。

桃的花芽分化和开花结果,是在两年内完成的,而且树体具有贮藏营养的特点,前一年营养状况的高低不仅影响当年产量,而且对来年的结果有直接的影响。研究表明,桃树在早春萌动的最初几周内,主要是利用树体内的贮藏营养。因此,前一年秋天积累养分的多少,对第二年的开花坐果影响很大,进而影响产量。所以,桃果采收后仍要加强肥水管理。

2. 肥料使用标准

桃园肥料的使用原则是,要将充足的有机物肥料和一定数量的化学肥料施入土壤,以保持和增加土壤肥力,改善土壤结构及生物学活性,同时要避免肥料中的有害物质进入土壤,从而达到控制污染、保护环境的目的。生产无公害果品的施肥标准,可参考中国绿色食品发展中心制定的《生产绿色食品的肥料使用准则》,因地制宜地进行操作。

(1)允许使用的基肥

①**农家肥** 包括堆肥、沤肥、未经污染的泥肥和饼肥。应用时要经过充分发酵和腐熟。

②**绿肥和作物秸秆肥** 此类肥料种类较多,可根据实际情况选用。

③**商品有机肥**　以生物物质、动植物残体、排泄物和生物废弃物等为原料,加工制成的商品肥。

④**腐殖酸类肥料**　以草炭、褐煤和风化煤为原料的腐殖酸类肥料。

⑤**微生物肥料**　是特定的微生物菌种生产的活性微生物制剂。这种肥料无毒无害,不污染环境。通过微生物活动,改善植物的营养或产生植物激素,促进植物生长。目前微生物肥料分为五类:

一是微生物复合肥　它以固氮类细菌、活化钾细菌和活化磷细菌三类有益于细菌共生体系为主,互不拮抗,能提高土壤营养供应水平,是生产无污染绿色食品的理想肥源。

二是固氮菌肥　能在土壤和作物根际固定氮素,为作物提供氮素营养。

三是根瘤菌肥　能增加土壤中的氮素营养。

四是磷细菌肥　能把土壤中难溶性磷转化为作物可利用的有效磷,改善磷素营养。

五是磷酸盐菌肥　能把土壤中的云母和长石等含钾的磷酸盐及磷灰石进行分解,释放出钾。

⑥**有机复合肥**　有机和无机物质混合成化合制剂。如经无害化处理后的畜禽粪便,加入适量的锌、锰、硼等微量元素制成的肥料,以及发酵废液干燥肥料等。

⑦**无机(矿质)肥料**　矿物钾肥和硫酸钾、矿物磷肥(磷矿粉)、煅烧磷酸盐(钙镁磷肥、脱氟磷肥)、粉状硫肥(限在碱性土壤使用)和石灰石(限在酸性土壤使用)。

(2)允许使用的化肥　如矿物钾肥、硫酸钾、矿物磷肥、钙镁磷肥、石灰石(酸性土壤使用)和粉状磷肥(碱性土壤使用)。

允许使用的叶面肥有微量元素肥料,以铜、铁、锰、锌、硼、钼等微量元素及有益元素配制的肥料;植物生长辅助物质肥料,如用天然有机物提取液或接种有益菌类的发酵液,再配加一些腐殖酸、藻酸、氨基酸和维生素等配制的肥料。叶面追肥中不得含有化学合成的生长调节剂。

(3)允许使用的其他肥料 不含有合成添加剂的食品、纺织工业品的有机副产品;不含防腐剂的鱼渣、牛羊毛废料、骨粉、氨基酸残渣、骨胶废渣和家畜加工废料等有机物制成的肥料。

所有商品肥料,必须是按国家法规规定、受国家肥料部门管理和经过检验的审批合格的肥料种类。

氮肥施用过多,会使果实中的亚硝酸盐积累,经人食用后可转化为强致癌物质亚硝胺,危害人体健康。生产无公害果品不是绝对不施化学肥料,而是在大量施用有机肥料的基础上,根据果树的需肥规律,科学合理地施用化肥,并且要限量施用。原则上化学肥料要与有机肥料、微生物肥料配合施用,可作为基肥或追肥。有机氮与无机氮之比以1:1为宜,大约掌握厩肥1 000千克加尿素20千克的比例为宜。用化肥作追肥时,应在采果前30天停用。

要慎用城市垃圾肥料。城市垃圾成分极为复杂,必须清除金属、橡胶、塑料及砖瓦等杂物,并且不得含重金属和有害毒物。要经无害化处理,达到国家标准后,才可使用。

3. 基肥的施用

用作基肥的肥料,主要有圈肥,如猪粪、牛粪、羊粪和土杂肥等有机肥料。施用时,混入适量的氮、磷、钾肥,如过磷酸钙、草木灰和尿素等,可提高肥效。

施肥方式有条施、环状沟施、放射状沟施和撒施等(图4-1)。生产上一般用条状沟施肥,即在树冠外缘(吸收根的主要分布区)挖 50 厘米宽、50 厘米深的条沟,长度根据树冠大小而定。注意每年行间株间,轮换位置,使根部逐年都能得到肥料。

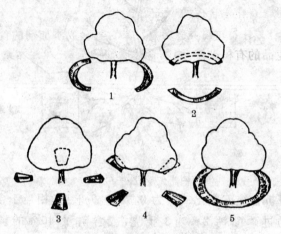

图 4-1 成龄桃树基肥施肥方式
1. 条施　2. 条施第二年换位　3. 放射状施
4. 放射状施第二年换位　5. 环状施

在干旱的地方,可采用穴贮肥水法,即在树冠外缘根系密集区内,挖 4～6 个穴,穴的直径为 30～40 厘米,深 40～50 厘米,放进草把,再施入充足的肥料,然后用薄膜盖上,在草把处把薄膜捅一孔,以利于保墒和吸水(图 4-2)。

基肥的施用量,根据产量和树势确定。经验做法是"斤果斤肥",即有多少产量施多少有机肥。基肥中,一般氮肥的施用量约占年总施肥量的 40%～60%,每株(667 平方米栽 44 株,下同)成年树的施肥量折合纯氮为 0.3～0.6 千克(相当于尿素 0.6～1.3 千克,或碳酸氢铵 1.7～3.4 千克)。磷肥一般主要做基肥施用,如果同时施入较多的有机肥,每株成年树的

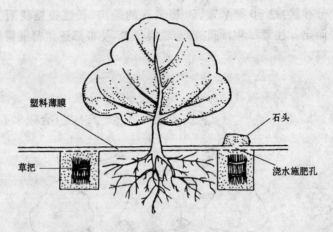

塑料薄膜

石头

草把

浇水施肥孔

图 4-2　穴贮肥水法

施肥量折合纯五氧化二磷为 0.3～0.5 千克(相当于含磷量15%的过磷酸钙 2～3.3 千克,或含磷量 40% 的磷酸铵0.75～1.25 千克)。基肥中的钾肥施用量,一般占总施肥量的 60%～80%。每株成年树的施钾肥量,折合纯氧化钾为0.25～0.5 千克(相当于折合氧化钾量50% 的硫酸钾 0.5～1千克,或含氧化钾 60% 的氧化钾 0.4～0.8 千克)。注意施肥时,不要靠树体太近,还要适当与土掺和,以免烧根。树势较弱、有机肥较少时,施肥量取高量;反之,则酌情减量。

4. 追肥的施用

追肥,即施用速效性肥料来满足和补充桃树某个生育期所需的养分。追肥的方法有点施、撒施、沟施及叶面喷施等。一般桃园一年追肥 2～3 次。具体的追肥次数和时期,要根据品种、产量和树势等确定。桃树不同时期的追肥如下:

(1)花前肥　主要促进开花。在早春开花前施入,以氮肥为主。用量约占年施肥量的 10%,每 667 平方米施用量以纯氮计算为 2～5 千克(合尿素 4.3～10.9 千克,或碳酸氢铵 11～28.6 千克)。结合花前灌水进行。如果基肥施用量较高或者是在冬季施入基肥,花前肥可不施。

(2)坐果肥 主要促进坐果和前期的果实膨大。在花后至硬核前施入,以氮为主,配合少量磷、钾肥。用量约占年施肥量的 10%,每 667 平方米施纯氮 2～5 千克(合尿素4.3～10.9 千克,或碳酸氢铵 11～28.6 千克)。对于极早熟品种,追肥时要多加磷、钾肥(N：P：K=1：1：1),时间提前在花后 30 天施入。也可以施入腐熟的饼肥,以提高果实品质。

(3)催果肥 主要促进中、晚熟品种的果实发育和花芽分化。在硬核后果实再次快速生长开始后施入,以氮、钾肥为主,适当配施磷肥。用量占年施肥量的 20%～30%,每 667 平方米施纯氮 4～10 千克(合尿素 8.6～20.8 千克,或碳酸氢铵 22～57.2 千克);每 667 平方米施氧化钾量为 6～15 千克(合 50%的硫酸钾 12～30 千克)。配施含五氧化二磷 14%～16%的过磷酸钙 10～30 千克。

(4)采后肥 果实采收后施用,以磷钾肥为主。主要补充大量结果所引起的营养消耗,增强树体的同化作用,充实组织和花芽,提高越冬能力。早熟品种一般在 7～8 月份施入,中晚熟品种在 9～10 月份结合基肥施入。幼龄果园一般不施。

(5)微量元素肥 桃树对微量元素的需要量较少,主要靠土壤和有机肥提供。有机肥施入较少时,可适量施用微肥。实际的施用量以具体肥料计算作基肥施用为:每 667 平方米施硼砂 0.25～0.5 千克,硫酸锌 2～4 千克,硫酸锰 1～2 千克,硫酸亚铁 5～10 千克。硫酸亚铁可配合有机肥一起施用,最好先沤制,有机肥：铁肥=5～10：1。也有的采用注射法施入微肥。

(6) 根外追肥 即叶面喷肥。见效快,利用率高,可结合防治病虫害一同喷施,省工省时。也可用来防治某些缺素症。一般用量为:尿素 0.3%;磷酸二氢钾 0.3%～0.5%;过磷酸钙(浸出液)1%～3%;草木灰(浸出液)2%～3%;硫酸钾 0.3%;柠檬酸铁 0.05%～0.1%。与农药混用时,要注意阅读说明书,按说明书进行操作。

5. 丰产实例

施肥量多少的确定,要以营养分析(叶分析)为指导,结合生产实践,根据土壤肥力、树势、产量和气候等因素来进行。据报道,8 年生白凤桃,每 667 平方米产量为 1 250 千克时,全树年吸收养分量为氮 6 千克,五氧化二磷 2.5 千克,氧化钾 9.5 千克。氮∶磷∶钾的比例为 1∶0.4∶1.6。一般基肥用量占全年施肥量的 50%～80%。如北京市门头沟区门头村果树队,平地桃树株行距为 6 米×6 米,连年 667 平方米产量为 2 500 千克。每 50 千克果施基肥 100～150 千克,追施氮 350～400 克,磷肥 250～300 克,钾肥 500 克。施用时期及施用量为:萌芽前 2～3 周施 1/3,以氮肥为主;5 月下旬至 6 月上旬硬核前,施用氮、磷、钾为各总量的 1/3 多;其他的根据树势酌情施用。

6. 施肥新技术

现代果园的施肥技术,除常规技术外,还采用一些新的施肥技术,主要有:

(1) 管道施肥喷药技术 将塑料管或钢管埋入田间,将肥液和药液放在罐或池中,用加压泵把肥、药液压入管道中,直接喷施在树上。

(2) 根系灌溉施肥技术 利用滴灌系统,把液体肥料直接输送到根部。在保护地栽培或盆栽中,采用插入法将塑料针头插入根际,按需要输入液肥;还有在桃树出现黄化时,把一定浓度的液肥装入瓶子或塑料袋中,将铅笔杆粗的根系剪断插入瓶或袋中,使它直接吸收肥液。

(3)穴贮肥水技术 在山坡地、干旱少雨地区,用草把浸肥水后埋入根际,使肥分缓慢释放。

(4)缓控释长效肥技术 根据叶分析和产量水平,选用长效肥,如长效氮肥、复合肥、专用肥、生物肥和有机肥,缓慢释放,提高营养元素的利用率,延长肥效期。

三、灌水与排水

(一)认识误区和存在问题

一是桃树开花期灌水,引起大量落花落果。在这段时间灌水,往往使土壤温度骤然下降,从而大大减慢根系的吸水作用,使树体内水分供应不足,导致花期延长,造成大量落蕾落花。同时,由于根系吸水困难,对土壤中营养元素的吸收也大大减少,而此时恰恰又是桃树生命活动的旺盛时期,需要较多的水分和养分。若这两方面的供应不足,必然加大营养生长和生殖生长的矛盾,促使落蕾落花,甚至加剧花后的生理落果。此外,即使土温变化不大,也往往由于水分过于充足,促使枝梢过旺,加剧对养分的争夺,造成上述现象。因此,花期如确实缺水,可适时喷灌,或者在夜间或清晨少量灌水,以不引起土壤温度的剧烈变化为宜。对于花期干旱的地区,最好采用初春灌水的办法,即灌透萌芽水,以免在花期灌水引起大量落花和落果。

二是油桃果实迅速膨大期或久旱后灌大水,导致出现裂果。

三是果实成熟前几天灌水，使果实个大了，但风味变淡。

四是不灌封冻水，害怕冻根。封冻水可以防止土壤干裂，土温剧变，土壤过分干燥和果树抽条等，有利于树体安全越冬。北方地区要掌握在早冻午消的时期灌水。

五是认为下雨只要不积明水，对桃树就没有影响。其实土壤含水量过大，虽然不死树，但根系呼吸不畅，同样会影响桃树生长与结果。

（二）正确灌水与排水的方法

对桃树的灌水，一般有萌芽水、花后水、膨大水、采后水、封冻水五个时期的灌水。具体的灌水时期，应根据不同生育时期的需水情况、降水量多少和土壤性质等方面来确定。北方地区多春旱，应灌好萌芽水；但开花期不能灌水，否则会引起落花落果。新疆库尔勒一位果农，在保护地油桃开花期灌水，结果在当年一果无收。每次追肥后，都应该及时灌透水，但砂土地容易流失，可以先灌水再施肥；入冬往往干旱，应该灌好封冻水，以便使桃树安全越冬和减轻土壤的风蚀。其余时间，可根据天气情况适时适量灌水。

油桃对水分更加敏感，常因水分分配不合理而引起裂果。如久旱不雨，骤然降水，尤其是在果实迅速膨大期出现这种情况，会发生严重的裂果现象，有时连阴雨也能够引起裂果。所以，掌握水分的控制与调节，在油桃生产上显得更加重要。微灌，包括微喷、滴灌和涌泉灌等，为最理想的供水方式，既节水又能均匀供水，为油桃生长提供较为稳定的土壤水分和空气湿度，有利于果肉细胞的膨大，减轻或避免裂果。有条件的果园应积极实施微灌。

桃树最怕涝。受到涝害后，轻者黄化，树势衰弱，重者死树。尤其在南方地区建桃园时，要考虑排涝系统的设置。在整地时，要用深沟高畦或隔几行开一深沟的方法，把桃树种在高处，以便降雨时及时将多余的积水排出（图 4-3）。北方地区夏季雨水集中时，可临时挖沟排水；黏土地桃园如遇短期积水，过后应及时松土晾根。也可以在大雨来临之前，把塑料膜铺在树冠下挡雨。在地下水位高的地块或洼地，要起垄栽植桃树，防止淹水。

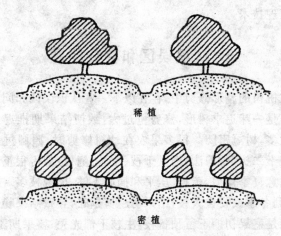

稀 植

密 植

图 4-3 起垄栽植示意图

第五章　整形修剪

整形修剪,是根据桃树的生长发育规律,结合品种特性、栽植密度和土肥水管理水平,对树体结构、枝条分布进行合理调整与剪截的手段。它是使桃树达到丰产、优质目的的一项树体管理技术。

一、认识误区和存在问题

在桃树的整形修剪中,存在以下一些认识误区和问题:

一是一味追求树形,修剪量过大,致使结果期推迟,旺枝大枝太多,树冠密闭。很多果农在幼树修剪时,照搬过去"三股六杈十二头"的剪法,把骨干枝(主枝、侧枝)剪得很重(短),又不注意夏季修剪,疏枝、压平和摘心不够,出现枝多、枝乱的情况,到冬季又要去大枝,结果树越剪越旺,导致结果晚。

二是盛果初期不留预备枝,主枝下部光秃;盛果期不注意回缩,下部枝组衰弱快。留预备枝,在骨干枝培养和结果枝组更新中十分重要。特别是在盛果初期,结果枝很多,质量很好,果农喜出望外,都长留结果枝。然而第二年都衰弱,第三年便大部分死亡,出现"光腿"现象。盛果期时,产量很高,内膛光照恶化,主枝延长头不重回缩,同样出现后部光秃现象,眼看果实不少,其实只是外围有果,内膛空虚。应该放缩结合,复壮下部枝组,使之立体结果。

三是重冬剪,轻夏剪。相当多的果农把冬季修剪作为最主要的技术环节,好像冬剪中的一把剪子能决定一切,而忽视最主要的生长季修剪。其实,生长季修剪能解决冬剪不能解决的问题,夏剪工作做好了,冬剪就很简单了。应该重视夏剪,简单冬剪。比如,骨干枝背上的徒长枝多时,夏季应将它疏掉,以免浪费养分和影响其他枝生长,有空间时,可对它摘心,把它培养成枝组。如果等到冬季再对它进行处理,便只好把它去掉。这时就会造成大的伤口,而且附近的枝形成花芽少,位置也较高。

四是进行主干形(纺锤形、塔形)后期整枝时,不注意上部枝的控制,出现上强下弱、下部枝枯死和产量下降的现象。主干形整枝是密植栽培的一种常用树形。它结果早,产量高,但控制不好时,会使桃树上强下弱,树势早衰,寿命缩短。在整形时,要使下部枝成 45°～60°角延伸,中、上部枝成水平状发展,并做好主干上预备枝的培养工作。

五是采用长梢修剪时不注意疏果,不注意及时回缩,以致出现早衰的现象。

六是盲目摘心,使内膛密不透光(风)。有些果农在夏季管理时,见新梢就打头(摘心),结果每个新梢都分抽几个枝,在内膛形成扇状,使通风透光条件恶化。

七是修剪方式的采用不分品种,粗放管理。

桃品种类型不同,修剪方式也有别。如北方桃品种群,品种直立性强,需轻剪,多拉枝。又如,大久保桃品种,树姿开张,主枝角度应留得小些,必要时应用背上、背侧芽带头,以抬高角度。千年红桃品种幼树旺盛,须在控制树势的前提下轻剪,并采用长梢修剪的方法进行修剪。

八是盲目密植,配套技术跟不上。密植能够早期丰产,这是不用争论的事实。但管理时操作技术要配套,要做好夏季修剪(如绑枝、拿枝、疏枝、摘心等)、冬季修剪(如留好预备枝、以树定产适量留结果枝等），以及配套的土肥水、疏果和病虫害防治等工作。有的果园不能叫果园，应该叫森林，人员钻进钻出都十分困难，怎么能有通风透光的保证呢？又如何施肥、浇水和打药呢？怎么能多结果、结好果呢？

二、桃树的修剪特性

桃树原产于我国海拔较高、日照时间长与光照强度大的西北、西南地区，在长期的系统发育中，形成了一定的规律性，所以，它们有其不同于其他果树的修剪特性。

1. 强喜光，干性弱

自然生长的桃树，中心枝弱，几年后甚至消失，枝叶密集，内膛枝迅速衰亡，结果部位外移，产量下降。这些都说明桃的干性弱，必须有良好的光照，合理的枝条分布，才能正常生长发育。所以，生产上多采用开心树形。

2. 萌芽率高，成枝力强

桃树萌芽率很高，但结果枝上的潜伏芽只有2～3个，而且寿命短。所以，多年生枝下部容易光秃，更新难。桃树的成枝力很强。幼树主枝延长头一般能长出10多个长枝，并能萌生二次枝、三次枝。所以，桃树成形快，结果早。但是，也容易造成树冠郁闭。因此，对桃树必须适当疏枝和注重夏季修剪。

3. 顶端优势弱，分枝多，尖削度大

桃的顶端优势不如苹果明显。桃的旺枝短截后，不仅顶端萌发的新梢生长量较大，其下部也可萌生多个新梢，故有利于结果枝组的培养。但在培养骨干枝时，其下部枝条多，会明显削弱先端延长头的加粗生长，尖削度大。所以，在幼树整形时，要控制延长头下竞争枝的长势，保证延长头的健壮生长。

另外,当主枝角度较大时,背上常萌生徒长枝,严重削弱上部枝的生长,挡光较多。因此,要及时疏除或控制培养,避免"树上长树"。

4. 耐剪,但剪口愈合差

去掉桃树大枝,一般情况下不会明显削弱其上部的生长势,但力求伤口小而平滑,更不能"留橛"。对大伤口要及时涂保护剂,以利于尽快愈合,防止流胶和感染其他病害。

在生产中,了解这些特征特性,有利于桃树的整形和修剪。

三、正确整形修剪的方法

(一)桃的主要树形及整形技术要点

桃的树形较多。最早,在桃的原产地多采用自然圆头形或丛生形。这种树形早期产量高,但衰老很快,并且采收不方便。随着生产栽培的发展,北方地区采用杯状形,即"三股六杈十二头"。但这种树形整形麻烦,主枝太多,前期修剪量大,产量低,大树外围枝多,影响通风透光,结果平面化。后来减少侧枝数,称为"改良杯状形"。以后又结合生产实践,创造出比较理想的"三主枝自然开心形"或"两主枝自然开心形"。在国外,为了省工和便于机械化作业,还研究出"棕榈叶形"、"篱壁形"、"纺锤形"、"圆头形"(常有架材引绑)和草地式整形等多种密植树形,以及寒地栽培的匍匐扇形与盘形等,各有特色。至于采用哪种树形,要根据栽植密度、立地条件、管理方式和品种特性等确定。

1. 三主枝自然开心形

三主枝自然开心形桃树的主要特点是,骨架牢固,通风透光条件好,产量高,采收管理方便,但前期产量较低。这种树形常在 3 米×4 米、3 米×5 米、4 米×5 米的株行距下采用(图 5-1)。

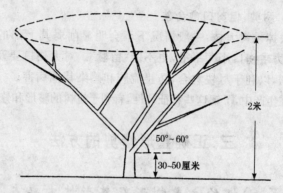

图 5-1　三主枝自然开心形结构示意图

(1)定干　干高一般为 30～50 厘米。如果定植的为成品苗,春季发芽前在距地面 50～60 厘米的饱满芽处剪截,剪口下 15～20 厘米为整形带。

(2)选留主枝　发芽后,将整形带以下的芽全部抹去。有些地方,春季金龟子危害严重,可暂不抹芽,把整形带用网袋套上。待新梢长到 30 厘米左右时,选长势均衡、方位适当(尽量不留南向枝)、与上下错落排列的三个枝条,作为将来的主枝进行培养。其余的枝条如果长势很旺,和主枝争夺养分,即行疏除。对生长较弱的小枝,可摘心控制或扭梢,使它辅养树体生长,以后影响主枝生长时,再及时去掉。

如果定植的为芽苗(半成品苗),则培养主枝更容易。在苗木长到 50～70 厘米高时摘心,一般可分生出 5～8 个副梢,可从中选 3 个理想的枝做主枝培养,而将其他嫩梢疏除,或保留 1～2 个弱梢辅养树体。

(3)主枝培养 第一年冬剪时,先对确定的主枝进行短截,剪留长度要根据枝条的生长强弱、粗细和芽的饱满程度确定,一般留80～100厘米,剪口芽要饱满,并注意方向。当主枝角度小时,留下芽;方位不正时,留侧芽调整;或通过拉、撑的方法,调整主枝的角度和方位。一般品种主枝的基角为50°左右。基角过大,将来主枝负载能力小,使果实离地面太近或接地,影响品质,耕作、施肥和打药等田间作业也不方便;角度过小,树势旺,内膛通风、透光条件差,容易造成"空膛",结果表面化,产量低。所以,主枝角度 般应维持在40°～60°之间。第二、第三年,将主枝延长头剪去全长的1/3～1/2,长度为50厘米左右,同时选留侧枝。不同管理水平的果园,其树体生长量不同。长势旺的树,其主枝可以长留,根据粗度的不同,其保留长度为80～100厘米不等。

(4)侧枝培养 生长势强、肥水条件好的桃园,当年冬季即可选出第一侧枝。第一侧枝距主干50～60厘米,侧枝与主枝的分枝角度为50°～60°,向外侧延伸。注意不要留背后枝做侧枝,严禁选用"夹皮枝"。侧枝一般比主枝稍短,为30～40厘米。每个主枝可选留2～3个侧枝,侧枝在主枝上呈推磨式分布,不要相互顶住(图5-2)。第二侧枝分布在第一侧枝的对面,距第一侧枝30～50厘米。第三侧枝位于主枝的顶部,一般为大型的结果枝组。

2. 两主枝自然开心形

两主枝自然开心形,在澳大利亚、意大利和新西兰采用较多,称做"Y"字形。行距4～6米,株距1～2米,667平方米栽111～166株。这种树形生长快,结果早,产量高,光照充足,果实品质好,采收打药方便,便于机械化操作,修剪也省工。把主枝绑在架材上,每年轻剪主枝延长头,使主枝上直接着生

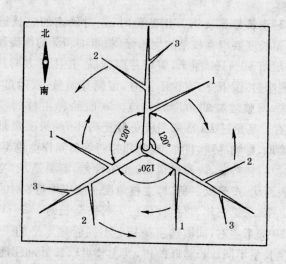

图 5-2　侧枝选留方位

结果枝组。在生长季,将背上多余枝条疏除,将斜生枝别在铁丝下。采用这种树形,需要设置篱架,成本高。根据我国的桃生产现状,省去这种树形的架材,称为两主枝自然开心形。

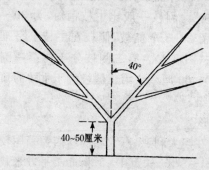

图 5-3　两主枝自然开心形结构示意图

　　两主枝自然开心形桃树,干高 40～50厘米,两主枝基本对生,夹角为 80°～90°,向两侧延伸,垂直于行向或稍倾斜(图 5-3)。这种树形的优点是,田间管理方便,光照条件好。其整形方法是,春季把选留的两个主枝以外的嫩枝和芽全部抹掉,促其快速生长。冬剪时,对选留的主枝进行拉枝,使其与中心垂直线成 40°～45°角,近直线延伸。因为主枝长、角度过大时,结果后被压弯,对其负载量和果实质量产生不良影响。为此,可在 6 月份以后,每株按角度斜插两根竹竿,把主枝绑在竹竿上,使其沿竹竿伸长。对主枝,冬季一般剪留 80～100 厘米,具体的长度可根据树体生长量确定。每个主枝上留 2～3 个侧枝或枝组,侧枝间距 60～70 厘米。夏季,将背上直立旺枝疏除,不培养背上大型枝组;可利用中等枝培养小型枝组。通常采用长梢修剪的方法。此树形一般采用 1.5 米×4 米、2 米×5 米、2 米×6 米、2.5 米×6 米的株行距。

3. 主干形

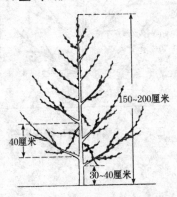

150～200厘米

40厘米

30～40厘米

图 5-4 主干形结构示意图

主干形桃树有中央领导干,在干上直接着生结果枝组,枝组不明显分层,错落排列(图 5-4)。主干高 30～40 厘米。苗木长到 60 厘米时摘心,选留生长健壮、东西向延伸、长势相近和距地面 30～40 厘米的两个新梢,作为永久性骨架枝培养,

其角为 50°。把摘心后最顶上的第一个二次枝,作为新梢的中央领导干绑直,使它向上生长,长到 60 厘米时再摘心。树体高度为 1.5～2.0 米。在这个范围内,上下每隔 30～40 厘米选留长势好、不重叠、似螺旋状上升的永久结果枝组 6～8 个。夏剪时,把中上部枝拿平,防止以后出现上强下弱的现

象。冬季修剪时,适当长留或不短截,把 1/3 的枝条留作预备枝,将其余的枝按结果枝进行处理,使之提早结果。露地栽培的桃树,高度可控制在 1.8～2.5 米,具体依行距而定。

4. 棕榈叶扇形

棕榈叶扇形的桃树,其基本结构是,在中心干上沿直立平面分布 6～8 个骨干枝,每两个为一组,构成一层,全树共 3～4 层,骨干枝与中心枝夹角为 45°～60°。每层层距 30～40 厘米,一般下部的层间距较大,上部可小些,以利于通风透光。骨干枝上直接着生结果枝组(图 5-5)。树体可垂直于行向,也可倾斜,但要相互平行。此树形一般采用 2 米×5 米、1.5 米×4 米、2 米×4 米、1 米×3 米的株行距。

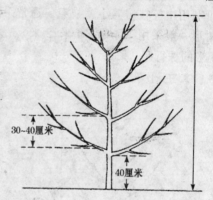

30~40厘米

40厘米

图 5-5 棕榈叶扇形结构示意图

(二)修剪方法

1. 短 截

短截,就是把一年生枝剪短。在幼树整形培养骨干枝时,进行短截主要是利用饱满芽迅速扩大树冠,并促进下部新梢的长势,以培养良好的侧枝和结果枝组。对一年生旺枝的短截,主要是培养结果枝组,根据所处位置的需要,分别培养成大型、中型或小型结果枝组。短截的轻重不同,所培养枝组的大小和结构也不同。为防止枝组过大,应降低结果枝位置,适当重剪。对一年生结果枝的短截,主要是改变枝条的营养分配,减少花芽量,促进坐果和果实良好地发育(图 5-6)。

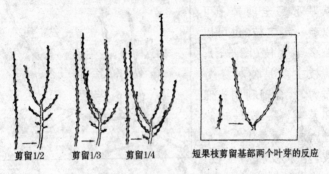

剪留1/2　　剪留1/3　　剪留1/4　　短果枝剪留基部两个叶芽的反应

图 5-6　1 年生旺枝短截反应

2. 回　缩

回缩,就是对多年生枝进行短截,把大枝和枝组回缩到一定的位置(图 5-7),以调节长势、合理利用空间和更新复壮。短截是剪到芽上,回缩就是剪到枝上。剪口枝如果留强旺枝,则剪后生长势强,有利于更新复壮;剪口枝留弱小枝,则生长势减弱,有利于结果;也可以迫使下部隐芽的萌发。

回缩

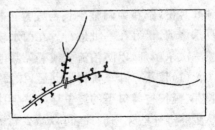

图 5-7　回　缩

3. 疏 枝

疏枝，就是把枝条从基部完全剪掉。可以疏一年生枝，也可以疏多年生枝（图 5-8）。疏枝主要是使枝条分布均匀，合理利用光照和营养。一般是疏除过密枝、重叠枝、交叉枝、竞争枝和病虫枝。疏除大枝和旺枝时，对剪口以上枝有削弱作用，对下部枝有促进作用。在幼树整形时，骨干枝出现生长不平衡时，可以对旺枝多疏，减少叶面积，弱枝多留，增加叶面积，逐渐达到平衡。对于初结果树，枝组修剪时，多是去强留弱，去直立留平斜。对于盛果后期的树，则是去弱留强，以使枝组更新复壮。

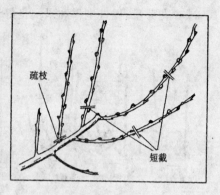

图 5-8 疏 枝

4. 生长季常用的修剪方法

桃树生长快，分枝多，夏季修剪非常重要。从发芽开始直到 8 月份，都在为调整生长与发育进行着修剪。一个桃园的夏季修剪，最好在一批进行。在雨水较多的地区，夏剪后最好喷一次杀菌剂，以防治流胶或感染其他病害。

（1）**抹芽** 春季桃树发芽后，抹掉树冠内膛大枝背上的徒长芽、延长枝剪口下的竞争芽与并生芽，以及剪锯口处萌发的丛生芽等一些无用的芽，可以减少营养浪费，改善内膛光照，减少夏季修剪量，避免冬剪时造成大伤口（图 5-9）。

（2）**摘心** 摘心，就是把迅速生长的嫩梢从顶部摘除。摘

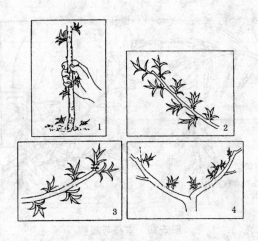

图 5-9 抹 芽

1. 整形带下部芽　2,3. 延长头竞争芽　4. 背上旺芽

心去掉了新梢的生长点,使营养重新分配,有利于下部芽的充实。对旺梢重摘心,可以促发二次枝,有利于培养结果枝组。对中等梢摘心,有利于下部芽的发育。摘心时间一般在 5 月份。对于幼旺树,千万不要见头就摘,这样会促发更多的新梢,树冠容易郁闭,不利于通风透光。

　(3)拿枝与扭梢　拿枝是控制徒长枝、强旺枝的长势,在枝条的中下部进行揉捏的一种手法。先用双手将枝条活动,再拇指在上,四指在下地轻轻按压,使枝条下部受伤,改变原来的生长方向。注意用力要适度,以防把枝条捏断,并尽量不要把叶片碰掉。扭梢是枝条半木质化时,把嫩梢的基部或中部扭转180°～270°角,使其受伤致以上部分下垂的手法(图5-10)。

　(4)拉枝与吊枝　在整个生长季节都可以进行。拉枝是一个减小修剪量,调整骨干枝角度和方位的最好办法。用铁

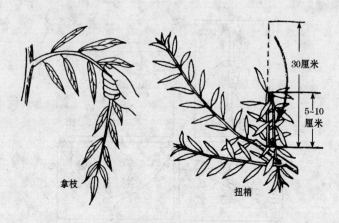

30厘米

5~10
厘米

拿枝

扭梢

图 5-10 拿枝与扭梢

丝或耐老化绳索拉枝时,枝上要用皮或布垫上,以防割伤枝条或将来长进去(图 5-11)。也可以直接用尼龙草拉枝,随着风刮日晒,能自动分解为最好。在幼树整形中,为了提前结果,常常把前期的辅养枝用作早期结果枝,可以通过拉枝的方法,达到既结果又不影响骨干枝生长的目的,结果后再去除吊枝重物。

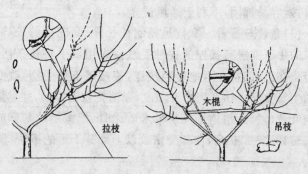

拉枝

木棍

吊枝

图 5-11 拉枝与吊枝

（三）不同龄期桃树的修剪要点

以三主枝自然开心形为例,介绍基本整形修剪技术。

1. 幼树期桃树的修剪要点

1～3 年生桃树是整形的关键时期。在生长期,用拉枝的方法调整主枝角度,及时疏除背上旺枝。冬剪时,对主枝延长头留旺芽,以迅速扩大树冠(图 5-12)。具体操作详见三主枝自然开心形的整形要点。

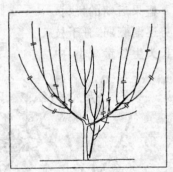

图 5-12　1 年生桃树夏季拉枝与冬剪示意图

2. 盛果期桃树的修剪要点

4 年生桃树即进入盛果期。此时对它的修剪,主要是维持树势,调节好内外枝、大小枝组的关系,保持产量。同时,还要维持更长的盛果年限和果实质量。

对于主枝、侧枝和徒长枝,应缩放结合。放以减缓树势,缩以恢复内膛枝势。对于结果枝组,应是培养和更新同时进行。树冠外围的结果枝组,是形成产量的主要部分,弱时要缩,旺时要放,放缩结合,维持结果空间。对背上枝组,也要注意培养,使之勿大勿强。但也不能见背上旺枝就疏除,否则容

易出现日灼病。要合
理培养,有空间时要将
它培养成中小型枝组
(图 5-13)。对于内膛
小枝组,要注意更新
(图 5-14,5-15)。

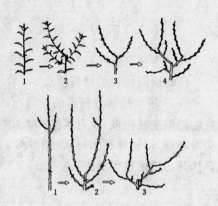

**3. 衰老期桃树的
修剪要点**

盛果后期的桃树,
树势逐渐衰弱,骨干枝
延长头生长量减小,中

图 5-13 中型枝组的培养

图 5-14 双枝更新

小枝组出现死亡。此时,要对延长头在冬季进行重回缩,刺激
下部萌生新枝,利用新枝更新,延长结果年限(图 5-16)。

4. 长梢修剪技术

长梢修剪技术是中国农业大学李绍华教授提出来的。这一
修剪技术将传统冬季修剪以短截为主,果枝一般留20~30厘米
的做法,改为基本不短截,果枝一般留50~60厘米。它是仅采用
疏剪、回缩和长放,结合严格疏果的技术。其技术要点是:

(1)定植后第一年重视夏季修剪 为了尽快增加骨干枝

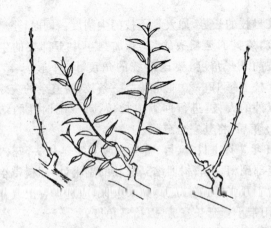

图 5-15 单枝更新

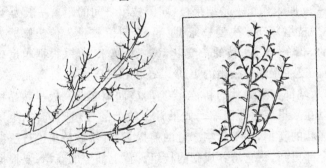

图 5-16 对大枝、枝组回缩

级数、枝叶数量,当骨干枝在 5 月份长到 20 厘米时,对它进行摘心。以后,每 20~30 天对它摘心一次,共摘心 2~3 次。对旺树要早摘心。树冠内膛的过密枝,要及时疏除。弱树和生长时间短的地区,可以不进行第三次摘心。

(2)定植后 1~2 年冬季,对骨干枝延长头带小橛的修剪

对确定为骨干枝(包括主枝、侧枝)的延长头,采用带小橛延长修剪的技术,小橛保留 10~15 厘米,有利于开张主枝角度,增加所在母枝的长势,加大骨干枝的尖削度。同时,小橛对养分的分流,减弱了延长头的长势,加强了中下部枝的生长发育。主枝的开张角度,要比传统的角度小,一般为 45°角左右。骨干枝上每 15～20 厘米保留一条枝,将其余的疏除。对骨干枝以外的大枝,进行回缩或拉枝,形成临时性的结果枝组。2～3 年后,将其完全疏除。

(3)3 年生以上以疏、回、放为主 对于延长头,旺树疏除部分或全部副梢,中庸树回缩到健壮的副梢处,弱树带小橛延长。但对于开张性强的品种,如大久保,应选择背上或背侧直立旺枝,用带小橛延长修剪,以抬高角度。

对其他枝进行甩放或疏除。骨干枝(包括大型枝组)上每 15～20 厘米保留一条结果枝,同侧枝组之间的距离一般为 40(小型枝组)～60(中型枝组)厘米,全树留枝量为传统修剪方法的 50%～60%,枝的长度以 40～70 厘米为好(根据粗度确定)。要注意结果枝组的更新。结果后,1 年生枝会弯曲或下垂,从基部抽生健壮的新枝,冬剪时应回缩至此。极早熟品种可以在采果后立即回缩。如果骨干枝上的枝组附近,抽生了较强壮的新梢,在不影响产量的前提下,可对该枝组进行压缩或全部更新,将它培养成新的枝组。背上抽生的新梢,要根据填补空间的需要,进行修剪摘心,把它培养成小型枝组,以防内膛空虚。

(4)及时疏花疏果,确定合理的负载量 长梢修剪后,花芽量相对较大,必须及时疏花疏果,调整好产量与品质的关系,并注意更新,使它维持较长的经济寿命。一般中小型果品种,每 15～20 厘米留一个果,大型果品种每 25～30 厘米留一个果。树冠上部枝多留,下部枝少留;旺枝多留,弱枝少留。长枝疏下部果,留上部果。

第六章　花果管理

花果管理非常重要,能否生产出优质果,就看对花和果实的管理是否细致和到位。果农一般认为,桃园的管理,就是除除草,浇浇水,打打药,剪剪枝,因而忽视了对花果的直接管理,结果生产出的果实质量不高,卖价低,甚至卖不出去。而发达国家,如日本,全年果园工作量的 70％要用于对花果的管理,因而生产出的果品质优价高,市场竞争力强。要管理好果实,首先必须了解桃花、桃果的特点及影响果实产量和质量的因素,采取对应的措施。

桃的绝大多数品种结实率很高,能够满足产量的要求。但在某些年份,因为某种原因落果过多,就会影响稳产和高产。只有知道这一问题产生的原因,才能很好地解决这一问题。同时,对于桃的花果管理中的一些错误的认识和做法,也应认真地加以解决。

一、认识误区和存在问题

一是为了多坐果而在开花期大量施化肥和灌大水,结果反而出现大量落果。桃树开花坐果的前期营养,主要来源于上年树体贮藏的养分,即使需要补充,也应该在开花前或开花后进行。其实每个生长阶段的顺利进行,都是在之前的营养充分(贮备)供应下完成的。花期灌水,降低土壤温度,妨碍根系的吸收和养分的正常运转。大量施用速效化肥,促使新梢旺长,使花和幼果获得的营养偏少,引起落花落果。

二是认为果实采收后万事大吉，放任管理，出现早期落叶，导致来年因营养不足而出现"满树花半树果"。坐果率的高低，很大程度上取决于花芽的质量。由于树体营养不良，影响花芽的分化，外观看是花芽，但个体较小，内含物不充实。其实，花芽分化从 6 月份开始，直到开花前，都在进行着不同形态、雌雄配子体和激素的转化，营养条件和气候条件都要满足桃树的正常需要，才能孕育下一年的产量。2005 年，全国桃大面积减产，就是因为花期温度太高所致。所以，果实采收后要特别注意保护好叶片。否则，来年春天难免出现满树开花，坐果较少。

造成树体营养不良的原因有：①叶片保护不好。一般桃农果实采收后就万事大吉了，放任管理，后期可能遭受病虫危害。如山楂红蜘蛛和浮尘子危害严重时，引起落叶；潜叶蛾和穿孔病破坏叶片，影响光合作用，直接影响花芽分化的质量，甚至会出现二次开花。②红颈天牛危害树干，影响养分的吸收和运输，严重时会死树。③雨水过大或干旱，夏季气温过高，都会影响花芽质量，有时候会出现双柱头、甚至多柱头花。④土壤 pH 值较高，含盐较多，叶片黄化。⑤生长过旺，树冠郁闭，光照差，内膛枝成花质量差。

三是舍不得疏果。有的果农觉得："不知明年行情如何，今年能结多少果就结多少"，因而使果实负载量太大，营养分配不合理，激素不平衡，既影响当年果实质量，又影响花芽分化。

留果量，应根据果实大小及树体大小来确定。在保护地栽培桃树 1 米 × 2 米的株行距下，每 667 平方米栽桃树 333 株，曙光油桃（平均单果重 100 克）平均每 667 平方米的产果量以 1 500～1 750 千克比较合适。1998 年 3 月底实测，单株

49 个果,重量为 4.8 千克,收入 95 元。若单株结 110 个果,则重量为 6.2 千克,收入为 74 元。果实多的反而卖钱少。而且,不能抽生良好的结果枝,树势明显衰弱。

四是不明白落花落果的原因,滥用叶面肥和生长调节剂。落花落果常有三个明显时期:①谢花后 1～2 周,大部分子房未膨大,连同花梗一起脱落。主要原因是花没有授粉受精。其中有的是花器发育不完全,如雌蕊退化;有的是缺乏授粉树;有的是桃花由于受低温、干热风、蚜虫、金龟子或花腐病等危害,不能正常授粉受精和发育。②谢花后 3～4 周,果实黄豆粒大小至杏核大小时,连同果梗一起脱落。其主要原因是:一是受精不良,胚发育终止;二是树体营养不足,果实缺乏养分;三是管理和养分供应不当,子房产生的激素不够,平衡失调。③谢花后 6～8 周,果核逐渐硬化,胚迅速发育,养分消耗很大。落果多数是残留果柄,仅果实脱落。主要原因是树体营养不足,缺氮影响胚的发育,缺磷、钾影响果核木质化。光照不足,营养生长过旺,坐果过多,使果实得不到足够的营养而脱落。不同时期及不同树体状况,所出现落花落果的原因不同。要区别情况,对症下药。若是不分青红皂白地乱喷硼砂、糖液或赤霉素液等,则不一定能收到应有的效果。

五是觉得人工授粉太费工。无花粉的桃品种,往往果实大,风味浓。对这类品种除了要严格配置授粉树外,还要进行放蜂或人工辅助授粉。这样,才能保证产量。其实,人工授粉很简单。进行时,选花粉量大品种的桃树,取含苞待放的花蕾采集花粉,用两手把花蕾纵向撕开,再用手指将花药拨在干净的纸上,捡去花瓣和花丝,将花药摊开阴干,或用 25～40 瓦的灯泡放在离纸 25～30 厘米处将花药烤干。待花药开裂后,将散出的花粉收集起来,放在瓶内,置于冰箱冷冻室备用。授粉时,用香烟滤嘴或铅笔的胶皮头蘸取花粉,直接点授到桃花的柱头上即可。点授时,要从树冠内向树冠外按枝组顺序进行,一般长果枝点授 6～8 朵花,中果枝点授 3～4 朵花,短果枝点授 2～3 朵花。被授粉的花朵要分布均匀,前后左右错开。与此同时,可以进行疏花工作,疏除并生花和朝上花。授粉时,最好点授开花 1～3 天以内的花朵。现在,采粉器和授粉器也有销售,使用十分方便。还有人做起了卖花粉的生意。这些有利的条件,都可以加以利用。

六是认为套袋费工费时,不合算。果实套袋,能改善果面光洁度,使表皮细嫩,底色嫩白,着色后色泽艳丽,并且可以减少病虫危害,降低农药残留。同时,还可以避免裂果和日灼,防止冰雹和鸟害。所以,套袋是一个简便易行、效果明显的生产高质量桃的措施,要想到高档市场上卖出好价钱,中晚熟桃品种的果实必须套袋。桃袋一般 0.03～0.05 元一个。如果自己用普通白纸或黄纸制作,则更便宜。

七是以为果实采收越早,价格越高,收益越好。其实不然。早熟品种的果实适当早采,价格可能较高,但会明显影响产量。桃在成熟前的 1 周里膨大最快。风味也变化最大。早采不一定就能收益最好。科学的桃果采收方法是,应根据成熟度分期采收。

二、正确进行花果管理的方法

(一)提高坐果率的措施

第一,加强桃园的综合管理,提高树体营养水平,保证树体正常生长发育。要加强病虫害防治,保护好叶片;合理整形修剪,改善光照条件;多施有机肥,结合树盘覆盖,改善土壤理化性质,为桃树生长发育提供更丰富的营养。

第二,使桃树适量挂果,合理负载,妥善调节好果实与枝叶、结果与花芽分化的关系。

第三,创造良好的授粉条件,通过配置授粉树、人工辅助授粉和花期放蜂,提高桃花的坐果率和坐果质量。

第四,及时防霜。有些年份或部分地区会遇到晚霜(早春)危害。特别是近几年出现暖冬,桃树开花早,遇到春寒会发生寒害。因此,在早春要注意天气变化,除收听收看广播、电视外,还要主动进行晚霜的预测预报,农民自己也可以用一些土办法进行预测,以便及时有效地防止或减轻霜害的发生。

(二)防止霜害的方法

1. 简易实用的预测方法

(1)温度计预测法 将温度计挂在桃园离地 1.5 米高处,注意温度变化。当温度下降到 2℃ 时,就可能会出现霜冻,要准备防霜。特别是在上午天气晴朗,有微弱的北风,下午天气突然变冷,气温直线下降时,半夜就可能有霜冻;或者白天刮东南风,忽转西北风,而晚上无风或风很小,天空无云时,半夜也可能有霜冻;或者连日刮北风,天气非常冷,忽然风平浪静,而晚上无云或少云时,半夜也可能有霜冻。因此,要随时注意温度变化和风情的变化,判断霜冻发生的可能,及时做好防霜的准备。

(2)湿布预测法 将一块湿布挂在桃园北面,当发现湿布上有白色的小水珠时,大约 20 分钟后就可能出现霜冻,应立即采取防霜冻的措施。

(3)铁器预测法 将铁器如铁锨,擦干放在桃园地表,若在铁器上有霜出现,约 1 小时候后就可能发生霜冻,也应迅速防霜。

(4)报警器法 把山西省农业科学院园艺研究所研制的便携式防霜报警器,置于桃园内 1 米高处,在初花期至盛花期将温度调到 $-1.5℃$,在幼果期调到 $-0.5℃$,接通电源。当温度下降至上述温度时,该仪器可自动发出报警信号,提醒人们及时采取防霜措施。

2. 延迟开花的方法

采取一定的措施,使桃树延迟开花,躲过霜冻发生期,使桃树的花果免受霜冻的危害。

(1)早春地面覆盖 早春时期,在树冠下覆盖杂草,或作物秸秆,或黑色遮阳网,减少太阳的辐射,从而减慢地温回升速度,使桃树晚萌发,迟开花;同时,秸秆腐烂后又能增加土壤有机质,改善土壤结构,提高桃的质量。

(2)树干涂白 在春季,把主干、主枝涂白(涂白剂的配方为:食盐∶石灰∶水为 1∶5∶15),或用 7%～10% 的石灰液喷布树冠,可以减少树体对太阳热能的吸收,推迟萌发及开花,同时又能防治流胶病。

3. 防霜的方法

在预测霜害将要来临的情况下,采用熏烟和喷水的方法,可以防止霜害的发生。

(1)烟堆放烟法 将杂草、秸秆、枯枝和落叶等物,堆放在桃园的上风头处,每 667 平方米放 3～4 堆,每堆放生烟物 25 千克左右。在霜害来临之际,将其点燃,生烟驱寒。

(2)烟雾剂法 将硝铵 3 份、柴油 1 份和锯末 6 份混合,分装在牛皮纸袋内,每袋装 1.5 千克,压实封口。然后把它挂在上风头,点燃生烟,驱寒防霜。每袋烟雾剂可控制 0.2～

0.27公顷地。

(3)喷水 在晚霜来临之前,人工往树上喷水。有条件的桃园,可以采用微喷灌水。

4. 按防霜需要进行基础建设

建园时,选择地势高燥的开阔地作园址,并且在建园前先建防护林网,这样做,有利于防止霜害的发生。

(三)疏花疏果技术

在一般管理情况下,花芽形成的数量都远远大于实际用量。如果无节制地大量结果,树体就会超荷负载,表现果个小,风味淡,商品率低,经济效益差,并且导致树体衰弱,影响下一年的产量和经济寿命。为了达到既高产、又稳产、质优的目标,必须适量进行疏花疏果。

1.疏花疏果时期

开花和坐果都要消耗一定的养分。所以,疏花疏果以早疏为宜。在气候比较稳定的地区,可以疏花蕾和幼果。一般是疏晚开的花、弱枝上的花、长中果枝上的双花和朝上花。在容易出现倒春寒、大风、干热风的地区,就要等到坐稳果后再疏。一般在硬核开始时定果,如郑州地区大约在 5 月 20 日定果。疏果太晚,养分浪费太多。

2.疏果方法

在落花后 15 天,果实黄豆大小时,就开始疏果。这时,主要疏除畸形的幼果,如双柱头果、蚜虫危害果、短果枝上无叶片的果,以及长中果枝上的并生果(一个节位上有两个果)。第二次疏果,在果实硬核期(剖开幼果,果核木质化到核中部时)进行。首先疏除畸形果、病虫果、朝上果和树冠内膛弱枝上的小果,然后按留果量合理安排疏果的数量。确定留果量的方法如下：

(1)依产定果法　根据经验，一般早熟品种的 667 平方米产量为 1 500 千克,中熟品种的 667 平方米产量为 2 000 千克,晚熟品种的 667 平方米产量为 2 500 千克时,可以达到优质的目标,如曙光油桃,为早熟品种,667 平方米产量按 1 500 千克计算,平均单果重 100 克,则每 667 平方米地留果数＝1 500千克×1 000 克/千克÷100 克＝15 000(个),加上 10%保险系数的果数,15 000×10%＝1 500(个),即每 667 平方米应留果数＝15 000＋1 500＝16 500(个)。

如果按 3 米×5 米的株行距种植,即每 667 平方米 44 株,平均每株留果数＝16 500÷44＝375(个)。再分配到每个大枝上,一般为三主枝自然开心形,则每个主枝的留果数＝375÷3＝125(个)。

(2)果枝定果法　在正常冬季修剪的情况下,根据果枝的类别确定留果量。一般中型果的品种,长果枝留 3~4 个果,中果枝留 2~3 个果,短果枝与花束状枝留一个果或不留。大型果的品种,长果枝留 2~3 个果,中果枝留 1~2 个果,短果枝留 1 个果或不留,结果枝组中的花束状果枝 3 个果枝留一个果或不留。具体还要根据品种的结果习性来定果。如南方品种群,以中长果枝结果为主,可以按以上标准;北方品种群,以中短果枝结果为主,就要在中短枝上多留果,长果枝要长放留果。

(3)间距定果法　在正常修剪、树势中庸健壮的前提下,树冠内膛每 20 厘米留一个果,树冠外围每 15 厘米留一个果。大型果略远,小型果略近。

(4)主干截面法　树干越粗,承载果实的能力越强。主干单位截面积上的产量,称为生产能力,用千克/平方厘米表示。

一般桃品种的生产能力为 0.4 千克/平方厘米左右。所以,根据主干的粗度(主干 1/2 处的截面积)可以确定产量。计算方法:先测出干周(L),计算公式为:

$$株产量\ W = 0.4 \times \frac{L^2}{4\pi} = \frac{L^2}{10\pi} = \frac{L^2}{31.4} = 0.0318L^2(千克)$$

例如 3 米×4 米的株行距,5 年生曙光油桃的干周为 35 厘米,则株产量 W=0.0318×35²=38.955 千克,

平均单果重 100 克,则每株留果数为:38.955×1000÷100=389.55≈390(个)。

(5)叶果比法 桃的叶果比为 20～40:1。其具体比例应根据树势和果实大小来确定。早熟品种的叶果比一般为 20:1,中熟品种的叶果比一般为 30:1,晚熟大果品种的叶果比一般为 40:1。疏果时,其作业顺序是先内后外,先上后下;疏少叶果,留多叶果。要掌握留单不留双,留大不留小,留正不留偏,留外不留内的原则。

(四)果实管理技术

1.套 袋

果实套袋,是一个简便易行、效果明显的生产高质量桃的措施。其具体操作方法如下:

(1)套袋时间 在定果后即硬核期进行。在郑州地区,一般在 5 月 15～20 日给桃果套袋。此时,桃蛀螟还没有产卵。

(2)套前喷药 套袋前先对全园进行一次病虫大扫除,杀死果实上的虫卵和病菌。常用农药为 50%杀螟松乳剂 1 000 倍液＋70%代森锰锌 600～800 倍液。

(3)选袋 红色品种可以选用浅颜色的单层袋,如黄色、白色袋即可。特别是在油桃容易裂果和有冰雹的地区,最好

选用浅色袋,直到成熟时才取袋。对着色很深的品种,如紫红色品种哈太雷和双喜红的果实,可以套用深色的双层袋,到果实成熟前几天再去掉,其外观十分鲜艳。国内目前有很多生产桃专业果袋的厂家,也有从日本、韩国进口的桃袋。在比较贫困的地区,可以自己动手用白纸或黄纸自糊套桃果的纸袋。

(4)套袋操作 桃的果柄很短,不同于苹果和梨,所以,应将袋口捏在果枝上用铅丝或铁丝一同扎紧。注意不要将叶片绑进果袋中。一定要绑牢。否则,刮风时会使纸袋打转,引起落果和磨损果实。

(5)套袋果管理 套袋后,果实因不能进行光合作用,风味会变淡;同时果实蒸腾量减少,随蒸腾液进入果实中的钙减少,果实肉质会变软。所以,要加强肥水管理,除秋施基肥时加入过磷酸钙外,还要进行叶面喷钙。一般在套袋后到采收前,每 10~15 天喷一次 0.3% 的硝酸钙。

(6)去袋技术 由于品种、气候和立地条件不同,因而去袋时间也不同。一般浅色袋不用去袋,采收时将果与袋一起采下。雨水多,容易裂果和有冰雹的地区,最适宜采用此方法。双层袋去袋时,一般品种在采收前 7~10 天进行,紫色品种在采收前 3~4 天进行。最好在阴天或多云天气时取袋,使光逐步过渡,上午 10~12 时去树冠北侧的袋,下午 17 时去树冠南侧的袋。也可以先把袋的下部拆开,两天后再全部去袋。

2. 防止油桃裂果的途径

(1)选择品种 油桃品种很多。不同地区发展油桃生产时,要根据当地的气候条件,选择适宜的品种。如在华北、西北地区,雨水较少,裂果很轻,什么时间成熟的品种都可以种植,故可根据市场需求情况选择品种。而在南方雨水较多的地区,裂果非常严重,就必须首先选择避开雨季,或雨季之前成熟的早熟品种，或选择裂果轻的品种，如曙光和中油桃 4 号等。

(2)合理灌溉　灌水对果肉细胞的含水量有一定影响。如果能保持一定的含水量，就可以减轻或避免裂果。滴灌和微喷是理想的灌溉方式，可以为桃生长发育提供较稳定的土壤水分，有利于果肉细胞的平稳增大，减轻裂果。如果是漫灌，也应在果实发育的第三时期，尤其是成熟前 15 天，适时适量（灌跑马水）灌水，保持土壤湿度相对稳定。在南方地区要注意雨季排水。

(3)地面覆草或铺地膜　采取这一措施，可以保持土壤水分、温度相对稳定。

(4)及时防治病虫害　桃疮痂病、炭疽病的发生，都可能引发裂果。因此，应及时进行预防和治疗。

(5)套袋　详见套袋技术。

(6)疏剪细弱的结果枝　位于树冠下部的细弱枝和下垂枝，所结的果实裂果多。修剪时，可疏除这些弱的结果枝，以节约养分；同时改善树体的通风透光条件。

3.果实增色

果实着色的外界条件，主要是光照、温度和水分。光照充足，温度适中，水分分配合理，着色就红而发亮。

(1)合理修剪　夏季疏除树冠外围和内膛的直立旺枝，改善树冠光照条件，使光线（直射光或散射光）能有效地照在果实上。

(2)拉枝与吊枝　果实开始着色后，阳面已部分上色时，将结果枝或枝组吊起，使果实阴面也能见到阳光。另外，把原生长位置的大枝，或上或下、或左或右地轻拉，改变其原来的光照范围，使冠内、冠下的果实都能着色。

(3)摘叶　由于叶片多，果实着色可能不匀，在果实近成熟前 7～10 天,将挡光的叶片或紧贴果实的叶片少量摘去,可使果实全面着色。

(4)铺反光膜 反光膜反射的散射光,对果实着色非常有利。因此,可以在行间和树冠外围下面,铺银色反光膜,以增加树冠下部果实的着色。反光膜可以多年使用。

(5)多施有机肥,少施氮肥,叶面喷施钾肥 少施氮肥,有效抑制旺长,有利于通风透光和对钾元素的吸收。在桃着色始期,喷 0.3％的磷酸二氢钾液两次,对桃果着色非常有利。

(6)控制土壤水分 在果实着色期,将土壤含水量控制在 60％～80％,湿度过高或过低,对果实着色都不利。

(7)树冠下覆盖 在高温季节成熟的品种,于树冠下覆草,减少对太阳光的吸收,降低根际温度,增强根系的吸收能力。

4. 适时采收

生理成熟和商业成熟是不同的。桃果实的色泽、品质和风味,主要是在树上的生长发育过程中形成的,因而适时采收极为重要。生产上的采收期,多根据品种特性、市场远近和用途来确定。肉质软的品种,采收成熟度应低一些;肉质较硬、韧性好的品种,采收成熟度可高一些。一般以在硬熟期与完熟期之间采收为宜。所谓硬熟期,是指 7～8 成熟时。此时桃果已充分发育,果面平整,果皮由绿色转为白色或黄色,着色品种阳面呈现红晕,此期采收可以远销。近完熟期是指 9 成熟时,此时桃果绿色褪净,全果底色呈乳白色或黄色,果面光洁,阳面或全果覆盖红色,果肉有弹性,并有芳香味。此时期采收的桃果,品质优良,但不宜远销。桃要分期采收。

油桃品种着色早。果农往往利用这一特点提早 5～7 天采收,抢占市场。这时正是果实质量迅速发育时期,过分提早采收,会使品种原有的大小和风味不能表现出来。油桃最适采收成熟度为8.5～9成熟。这时,品种的大小、颜色和风味能够得到充分的表现。特别是像双喜红油桃品种,果实在鸡蛋大小时就很红很甜,果农以为成熟了就采收,结果果实小,产量低。其实,这时果实正值迅速膨大期,糖分正在积累和转化,待果实发育期到90天时,果大,味甜,色红,产量也高。

采摘桃果,应在早、晚冷凉时进行。采前先剪短指甲,最好能戴手套,以免划伤果实。采摘时,轻采轻放,防止机械损伤。不得用手压果面,不能粗暴强拉果实,应带果柄采摘。采摘蟠桃要扭转果实。尤其是离皮品种,直接下拉果实,容易把果梗部撕破,故要小心翼翼地将它连果柄一起采下。一般一个容器(布袋、箱、筐、盒)的装载量以不超过5千克为宜。如果装量太多,则易挤压果品,引起机械伤。采后立即将果实置于阴凉处。

(五)保护地桃树果实的熟期调节

1. 选择不同熟期的品种

同一品种在相同的气候条件下,其果实发育期是一定的。为了调节市场,应该分析市场的品种结构和产地来源,选择熟期错开的品种。目前,生产上的油桃品种,主要有曙光、华光、丹墨和早红珠等,其果实发育期在65～70天。大连地区日光温室桃一般3月20～30日上市。因为集中上市,价格不高。如果选用果实发育期为55天的郑1-39,在同样的管理下果实能提前10天成熟,填补市场空当,效益好。或者果实发育期为80～90天的双喜红、中油4号和郑3-12,果实可以推迟15～20天。这些品种果实大,颜色好,风味浓,有好的市场。也可以选用中熟品种,虽然上市时露地早桃比较多,但露地早桃多数果小味淡,而保护地栽培的中熟品种,果大色艳味浓,也有好的经济效益。

2. 错开升温时间

对同一品种采用不同时间升温,其果实成熟期就可以错开。如曙光油桃,秋季采用遮荫提前休眠,12月中旬升温,次年3月15~20日可以上市。但在次年1月初升温,其果实成熟期就错后到3月底。

3. 设施加温,双层膜保温

在寒冷地区,自然休眠已经结束,但因外界气温很低,仅靠一层薄膜和一层草帘,还不能克服夜间低温的影响。这时,通过加温来满足对温度的需要,或采用双层膜保温,都可以满足桃树生长发育对温度的需要,提前成熟。

4. 延迟成熟

通过推迟开花、延长果实发育期等措施,使晚熟品种的果实更晚成熟,使之在市场空当上市。

第七章　病虫害防治

　　无公害桃的病虫害防治,应掌握"预防为主,综合防治"的方针,既要安全,又要合理。要优先选用农业防治、物理防治和生物防治的措施,尽量少使用化学农药,把病虫害控制在经济阈值之下,减少农药残留和对环境的污染。过去,果园单一靠化学农药防治病虫害,产生了许多副作用。最明显的是,病虫害产生抗药性,防治效果下降;同时杀伤害虫天敌,使害虫更加猖獗,也污染了果品,污染了环境,生态平衡遭到破坏。所以,保护环境,采用综合防治的措施,合理使用农药,既可降低防治成本,又能提高经济效益和生态效益,从而形成良性循环。

一、认识误区和存在问题

　　在桃的病虫害防治方面,目前,存在以下一些认识误区和问题:

　　一是重视化学防治,轻视其他防治。认为化学农药几乎是万能的,病虫害发生了,喷几遍农药就得了。其实,长此下去,害虫容易产生抗药性,天敌被大量杀死,也污染了环境。因此,应该采用综合防治的方法,防治病虫害。

　　二是重治轻防,不见病虫不施药。一般情况下,低龄幼虫对农药的抵抗力差。随着虫龄的增长,其抗药性也随着加大。一些农民朋友往往在害虫已大发生时才开始用药。此时已造成一定危害,而且药剂效果也难以全部发挥。在植物病害防治中,不了解杀菌剂的作用方式,不论是保护性杀菌剂,还是治疗性杀菌剂,都不要等病害发生和流行时才施药,否则既造成了经费损失,又没有起到防病作用。所以,应在病虫害发生的前期用药进行防治。

三是不了解病虫的发生规律,盲目用药。有的果农怕病虫害大发生,不管三七二十一,隔15天喷一次药。这样既浪费人力物力,又污染环境,还没有防住病虫危害。其实,每种病虫在一定的气候条件下,都有自己的发生规律,了解并注意观察,抓住关键时期,例如介壳虫在卵孵化后,若虫从母壳下刚爬出,在枝条上未固着的爬行期,用扑虱灵细致周到喷药,一遍就可以将其治住。错过这个时期,喷多少遍都没用。

四是不了解药的作用,不能对症下药。有的果农认为,治病的药什么病都能治,杀虫的药什么虫都能杀。其实不然。有的昆虫是刺吸式口器,用胃毒剂就没有用。有的病是细菌性病害,用杀真菌的药就不行。有的果农认为波尔多液是一种很好的杀菌剂,在桃树上也应该效果不错,结果打药后出现落叶。殊不知波尔多液是蓝矾石灰水,蓝矾的化学成分就是硫酸铜,桃树对铜离子过敏。

五是随意加大用药浓度。有的果农配药时不按说明书的浓度,不用专门量具,只用瓶盖或其他非标准容器,凭感觉用药,没有数量概念,一般都大大超过规定的浓度。或者有意加大药量,认为"喷一次药不容易,多加点药把虫杀光"。这不仅容易发生药害,而且造成浪费和污染,同时还使病虫的抗药性增强。一般来说,单独使用一种农药,病虫危害较轻时,按说明书可采用上下限平均浓度;病虫危害严重时,应采用下限浓度。如果几种农药混合使用,其浓度以分别采用上限浓度为宜。

六是长期使用单独一种农药。有的果农在农药使用中，一旦发现某种农药效果好，就长期使用，即使发现该药对病虫的防治效果下降，也不肯更换品种，而是采取加大剂量和使用次数的方法来弥补。其实，病虫已经产生了抗药性，应该与别的农药配合、交替使用，才能收到良好的效果；不能长期使用单独一种农药。

七是混淆高效与高毒概念，缺乏安全观念。目前，优质农药正向高效、低毒、低残留的方向发展。而有不少农民错误地认为，毒性高效果就好，所以只认购高毒农药，对低毒高效的农药缺乏认识。在使用农药时，也不按农药安全标准使用，将禁止使用的农药用于桃树上，造成人、畜中毒。

八是对植物源、微生物源杀虫剂不放心，单纯追求药效立竿见影。如阿维菌素，对害虫有胃毒兼触杀作用，害虫接触药后出现麻痹症状，不活动，不取食，2～4天后死亡。有些农民却认为"此药不好使，不如 1605"。应该明白，虽然害虫看上去没有死，但已经无法再进食，也就是说不再危害作物，虽然害虫还活着，但实际上它已经"死"了。绿色农药独特的杀虫机制，决定了它的杀虫效果具有特殊性。绿色农药大多都不直接杀死害虫，不像 1605、甲胺磷等高毒农药，打上药，害虫就立即死亡；而是通过一些特殊的形式杀死害虫。但效果是一样的，即使当时看上去虫子不死，却已不能再危害作物了。

九是贪图便宜，上当受骗。优质农药一般价格都相对较高，而劣质农药价格相对较低。劣质农药有的防治病虫效果很差，有的使用后可能还会产生严重药害。要注意辨别农药的真假。购买农药时，要到正规的药店，注意"三证"是否齐全（农药登记证、生产许可证、产品标准与合格证）、出厂日期、有效期、厂址是否清楚，是否已经过期等。还要看乳油农药是否有浑浊、分层、结晶和沉淀现象,水剂农药是否透明、均匀、无杂质;粉剂农药是否有结块;颗粒剂是否光滑等。

　　十是不注意喷施时间和技巧。确定喷药部位和喷药时间有技巧。一是要掌握天气变化,做到"五不喷":刮大风不喷,下雨不喷,雨前不喷,有露水时不喷,烈日下不喷。二是要掌握喷药部位。例如蚜虫在桃树嫩叶嫩梢上,而山楂叶螨多在老叶片背面等。它们所处的位置不同,所以,喷施农药的重点部位也就不同。三是要求喷药要细致、均匀、周到,既不要多次重复喷施,也不要漏喷。特别是像红蜘蛛和蚜虫,繁殖特别快,如果漏喷,几天后又成灾。在药中加入少量中性洗衣粉,防治虫害有增效作用。

　　十一是不注意安全喷药。有些人认为自己身子骨硬,不怕农药中毒,没必要穿长衣,戴口罩。这是非常错误的观念。科学研究证明,很多农药的毒性危害是不易察觉的,是潜在的,有些潜伏期很长。这些毒害在人体内长期存在,严重影响了身体的正常生理功能,会对身体的危害无穷,能引发多种慢性病。所以,喷药时要切实做到"一穿、四戴、二不、一洗",即穿长衣长裤;戴口罩,戴塑料手套,戴防风镜,戴草帽;在操作过程中不吸烟、不吃东西;喷药后,操作人员应及时洗净手和脸,漱漱口,有条件的可先洗个澡,换上干净的衣服,然后再喝水吃饭。更不能一边打药一边吃食物。喷药结束后,要及时将喷雾器、药桶、药池及用具清洗干净。有不少人喷除草剂后忘记洗桶,再用它打其他药时,引起桃树落叶。

　　十二是随便混用农药。酸性农药和碱性农药不能混合。复配农药有很多相同成分。有的农药有很多商品名称。要了解其成分,才能正确地混用农药。下面把常用农药的名称、使用浓度等简述如表7-1,供使用时参考。

表7-1　常用农药使用方法

通用名称	其他名称	主要防治对象	使用浓度	备　注
机油乳剂	蚧螨灵	桑白蚧若虫、蚜虫卵和初孵若虫、越冬螨	桃芽萌动后，95%机油乳剂100～150倍液	触杀剂，注意使用时期和浓度
灭幼脲	灭幼脲3号、扑蛾丹、蛾杀灵、劲杀幼	桃蛀螟	25%胶悬剂，产卵初期1000倍液	胃毒兼触杀，施药后3～4天见效，不能与碱性农药混用
		桃小食心虫	产卵初期500倍液	
辛硫磷	腈松、肟硫磷	桃小越冬出土期、金龟子	25%微胶囊250～300倍液地面喷洒，浅耕	具触杀、胃毒、熏蒸作用，易光解，宜傍晚或阴天喷药。对鱼类、蜜蜂、天敌高毒，不能与碱性农药混用
		卷叶蛾、潜叶蛾、刺蛾、尺蠖	50%乳油1000～1500倍液	
吡虫啉	一遍净、蚜虱净、大功臣、康复多、比丹、咪蚜胺、扑虱蚜	蚜虫类、卷叶蛾	发生期10%可湿性粉剂2500～5000倍液	有触杀、胃毒、内吸多重药效，持效期长，对人、畜低毒，对天敌安全
高效氯氟氰菊酯	功夫、功力、绿青丹、保得、保富等	蚜虫、卷叶虫、潜叶蛾、尺蠖、桃小初孵幼虫、介壳虫若虫期	2.5%乳油2000～3000倍液	具触杀、胃毒作用，高效低毒，但杀伤天敌。不宜连续使用
扑虱灵	噻嗪酮、优乐得、环烷脲	介壳虫	若蚧移动期喷25%可湿性粉剂1500～2000倍液	具触杀、胃毒作用

通用名称	其他名称	主要防治对象	使用浓度	备 注
杀螟丹	巴丹、派丹、乐丹	梨小、桃小产卵盛期至初孵幼虫蛀果前	50%可湿性粉剂 1000 倍液	胃毒作用兼触杀、拒食、杀卵,对人、畜安全但对家蚕有害
毒死蜱	乐斯本、毒丝本、氯吡硫磷、安民乐等	山楂红蜘蛛、潜叶蛾	40%乳油1000~1500 倍液	具触杀、胃毒、熏蒸作用,对人、畜毒性中等,对鱼类、蜜蜂毒性大
		金龟子、桃小	树穴下 300~500 倍液	
螨死净	四螨嗪、克螨敌、扑螨特、阿波罗	山楂红蜘蛛	花后喷 50%悬浮剂 4000~5000 倍液	具触杀作用,对卵、幼螨、若螨有效,对成螨无效
速螨酮	达螨净、牵牛星、灭螨灵、达螨酮、扫螨净、大螨冠、及时雨	山楂红蜘蛛兼叶蝉、蚜虫、蓟马	发生期用20%可湿性粉剂3000~4000 倍液,持效期 30 天	具触杀作用,对卵、幼螨、若螨、成螨均杀。对天敌低毒鱼类高毒。一年只能用一次
尼索朗	噻螨酮	山楂红蜘蛛	早春或发生盛期用 5%乳油或粉剂 1500~2000 倍液	具触杀、胃毒作用,不杀成螨,对人、畜有低毒,对蜜蜂、天敌安全。一年只用一次
石硫合剂	石灰硫黄合剂	桃流胶病、缩叶病、疮痂病、穿孔病、褐腐病、桑白蚧、炭疽病等	发芽初期 4~5波美度或45%晶体石硫合剂 100 倍;花芽露红期3波美度防治缩叶病;花后 10~20 天0.3波美度治桑白蚧、花腐病、炭疽病等	具杀菌、杀虫、保护功能,对人、畜毒性中等。不能用铜、铝容器熬制或存放,可用铁质、陶瓷容器

通用名称	其他名称	主要防治对象	使用浓度	备　注
代森锰锌	白利安、爱富森、速克净、新锰生	疮痂病、穿孔病	发病前或初期用70%可湿性粉剂800～1000倍液	对人、畜低毒,对鱼有毒。不能与碱性农药混用
甲基托布津	甲基硫菌灵、菌真清、丰瑞	炭疽病、褐腐病	发病初期用70%可湿性粉剂800～1000倍液	具内吸兼保护、治疗作用,不能与碱性、含铜制剂混用
农用链霉素	农用链霉素	细菌性穿孔病、细菌性黑斑病	展叶期10%可湿性粉剂1500～2000倍液;展叶后500～1000倍液,每隔10天喷一次,连喷2～3次	对人、畜有低毒,不能与碱性农药混用,可加少量中性洗衣粉,现配现用
843康复剂	843康复剂	腐烂病、溃疡病,剪锯口保护剂	落叶后刮除病斑,用原液涂抹病斑处,再用塑料薄膜包扎	具保护树体、不伤皮下组织,增强营养疏导、促进愈合作用
炭疽福美	锌双合剂	炭疽病	谢花后至5月下旬,每15天喷一次80%可湿性粉剂800倍液	以早期预防为主
白涂剂	涂白剂	日灼、冻害、杀菌、杀虫	生石灰:食盐:豆浆:水=25:5:1:70(雨水较多地区)或生石灰:食盐:石硫合剂原液:水=10:1:1:40	每年落叶后主干、大枝刷白,治病、杀虫、防冻、防枝干灼伤

二、正确防治病虫害的方法

（一）综合防治

1. 植物检疫

凡是从外地（包括国内与国外）引进或调出的苗木、接穗和种子等材料，都应严格进行检疫，以防止危险性病虫害的引入和扩散。

2. 农业防治

通过农事活动，控制病虫害的发生。这些农事活动主要如下：

第一，冬季修剪时，剪去枝干上潜伏越冬的病菌、虫卵和其他越冬害虫，清扫枯枝落叶，予以深埋或集中销毁。

第二，秋末初冬时刨树盘，将地表的枯枝落叶埋于地下，把越冬的害虫翻于地表，能有效地控制害虫发生；同时疏松土壤，有利于土壤熟化和根系的活动。

第三，合理修剪，改善光照条件，合理施肥浇水，合理负载量，增强树势，提高树体本身的抗病虫能力。

第四，将树干与大枝涂白，既能消灭病菌和虫卵，又能防止日灼，并且能减少天牛在桃树枝干上产卵。

第五，果园覆草，优化土壤环境，提高土壤肥力，促进土壤微生物活动，加速有机质分解，提高根系的生理活性。

第六，果园铺膜，减低果园小环境内的空气湿度，减少病害发生。此外，早春铺塑料膜，还可以使土中的越冬害虫不能出蛰。

3. 物理防治

通过采用物理的方法，诱杀或刺伤害虫。利用昆虫的趋光性、趋味性、假死性和群聚性，来防治害虫。

(1)灯光诱杀 用频振式杀虫灯,诱杀金龟子、桃蛀螟、卷叶蛾、食心虫、舟形毛虫和大青叶蝉等害虫的成虫。

(2)糖醋液诱杀 用红糖1份,食醋5份,酒0.5份,水10份,或烂水果沤制后,诱杀桃蛀螟、卷叶蛾和红颈天牛等害虫。

(3)性引诱剂诱杀 利用生产的性引诱剂成品,挂在桃树上,在其下放一碗水,水里放入洗衣粉,梨小、桃小食心虫和桃蛀螟的雄蛾飞向性引诱剂时,掉入水中淹死。目前,有很多昆虫的性引诱剂产品,可根据实际需要购买和使用。

(4)粘虫板诱杀 蚜虫、粉虱和潜叶蝇等多种害虫,对黄色敏感,或具有趋向性的特点,利用特殊的诱虫胶,粘杀害虫的成虫。蓟马对蓝光有趋性,可使用蓝色捕虫板诱杀蓟马。

(5)振落捕杀 金龟子、象鼻虫和舟形毛虫等有假死性。可据此在树下铺上塑料薄膜或旧布,然后摇动树体,待害虫落下后,予以人工捕杀。

(6)人工捕杀 舟形毛虫的1~2龄幼虫有群集性,可以采摘虫叶,杀死害虫。红颈天牛在夏季静卧树上,白星花金龟子群聚果实上为害,都可以进行人工捕杀。桃缩叶病和褐腐病危害桃叶和果实可以人工摘除病叶和病果,予以深埋。

(7)对枝干进行刮、刷或强力冲刷 在介壳虫越冬期,用钢刷刷掉虫体,或用强力喷水泵冲刷树干,或在初冬降温时向树干喷水,待结冰后用木棍敲击树枝,振落虫体,或在冬季用火把快速烧死介壳虫。天牛、豹纹木蠹蛾可以利用挖、刺的方法,消灭虫道内的幼虫。

(8)贴、堵害虫 有些枝干害虫,可以用透明胶布贴住虫孔,使其不能钻出。有的害虫,是通过爬行而上树的,可以在主干上绑一圈很光滑的材料,使其无法攀缘。也可以在树干、主枝基部刷防虫环(如凡士林),粘住上树的害虫。

(9)绑草把 于秋季在树干上绑草把,诱集害虫,到冬季后收集草把烧毁或深埋(注意先取出其中的天敌昆虫)。

4. 生物防治

生物防治,是利用生物或它的代谢产物,来控制有害生物危害程度的方法。对虫害的生物防治,一是保护天敌,人工繁殖天敌,利用天敌,以虫灭虫。二是利用生物农药。例如,用七星瓢虫捕食蚜虫,红点唇瓢虫捕食桑白蚧;用草蛉捕食蚜虫和螨类;用捕食性蓟马捕杀蚜虫、螨类和粉蚧等;用赤眼蜂寄生梨小食心虫和小黄卷叶蛾等。病害的生物防治,主要是利用有益生物的拮抗性、寄生性和诱导抗病性等,以菌治菌,以及利用农用抗生素来防治病害。

5. 化学防治

化学防治,亦即利用化学农药灭菌杀虫的防治。这种防治方法作用迅速,效果显著,方法简便,但相对有污染,所以,要使用高效、低毒、低残留的无公害农药。常见农药的性状、防治对象及使用方法,如以上的表 7-1 所示。

(二)桃树上不能使用的农药和国家
明令禁止使用的农药

1. 桃树上不能使用的农药

在桃树上不能使用的农药有:甲胺磷(methamidophos),甲基对硫磷(parathion-methyl),对硫磷(parathion),久效磷(monocrotophos),磷胺(phosphamidon),甲拌磷(phorate),甲基异柳磷(isofenphosmethyl),特丁硫磷(terbufos),甲基硫环磷(phosfolanmethyl),治螟磷(sulfotep),内吸磷(deme-

• 126 •

ton),克百威(carbofuran),涕灭威(aldicarb),灭线磷(ethoprophos),硫环磷(phosfolan),蝇毒磷(coumaphos),地虫硫磷(fonofos),氯唑磷(isazofos),苯线磷(fenamiphos)。任何农药产品的使用,都不能超出它的农药登记批准的使用范围。

2. 国家明令禁止使用的农药

国家明令禁止使用的农药如下:

六六六(HCH),滴滴涕(DDT),毒杀芬(camphechlor),二溴氯丙烷(dibromochloropane),杀虫脒(chlordimeform),二溴乙烷(EDB),除草醚(nitrofen),艾氏剂(aldrin),狄氏剂(dieldrin),汞制剂(Mercury compounds),砷(arsena)、铅(acetate)类,敌枯双,氟乙酰胺(fluoroacetamide),甘氟(gliftor),毒鼠强(tetramine),氟乙酸钠(sodium fluoroacetate),毒鼠硅(silatrane)。

（三）使用农药的注意事项

1. 正确选择农药

不同农药品种具有不同的防治对象。选择农药时,应根据当地病虫害发生的具体情况,严格选择高效、低毒农药,为确保防治效果奠定基础。购买农药时,要到正规的药店,注意"三证"是否齐全(农药登记证、生产许可证、产品标准与合格证),以及出厂日期、有效期和厂址是否清楚等。

2. 正确使用农药

(1)使用浓度 要看清看懂说明书,按说明书中要求的浓度进行配制,不能光凭感觉或是随意加药。

(2)使用时间 环境不同,农药使用浓度也有差异。高温时浓度可略低,否则容易产生药害。有的农药有光效解性,须在阴天或傍晚使用。

(3)农药混用 要仔细了解农药的成分,弄明白它是否可以和其他药品混用。还有的农药混用时需现配现用,也不能马虎。现在有很多复配农药,含有多种成分,如果和同类药混用,就会增加浓度,产生药害。

3. 抓住关键时期细致喷药

每种病虫害的发生发展都有其规律性。要抓住其关键时期,细致、周到、均匀地喷药,可以收到事半功倍的效果。

4. 避免产生抗药性

一个果园切忌长期使用同一种或相近似的农药。这样,病菌和害虫容易产生抗药性,导致毁灭性病虫害的大发生。为了避免产生抗药性,应该交替使用或混合使用农药。

5. 保护环境,提高果实质量

按产品质量标准,使用低毒、高效、低残留的农药,注意人、畜的安全。

第一,配药人员要戴胶皮手套。

第二,配药地点要远离饮用水源和居民点,要有专人看管,严防农药丢失或被人、畜、家禽所误食。

第三,喷药人员要穿防护服,大风天和中午高温时要停止喷药。每天喷药时间,不得超过 6 小时。孕期、哺乳期妇女及皮肤损伤者不得喷药。

第四,喷药结束后,要及时将喷雾器、药桶、药池及用具清洗干净。

第五,最后一次配药时,应将药液(粉)从包装物(瓶、袋、盒)中全部倒出,立即用清水彻底冲洗干净,并将洗液倒在药桶中。包装材料一定要集中收集,采用深埋或交化工厂回收。切不可随意丢弃在桃园或者焚烧。

第六,农药仓库保管员要认真做好领取和退还药品的详细记录。

第七,施用高毒农药的地方,要树立警示的标志。

三、主要病虫害及其防治方法

(一)主要病害及其防治

1. 细菌性穿孔病

【分布及危害】 在我国各桃产区普遍发生,尤其在沿海与滨湖地区、排水不良、盐碱程度较高的果园,以及多雨年份,危害较重。除危害桃和油桃外,还危害李、杏、梅与樱桃等。

【病原及症状】 桃细菌性穿孔病[*Xanthomonas pruni* (Smith) Dowson.],其病原为黄单孢杆菌属细菌。菌体短杆状,大小为 0.4~1.7 微米×0.2~0.8 微米。两端圆,一端有 1~6 根鞭毛。为非抗酸性,好气性,革兰阴性菌。

此病主要危害叶片,也侵害枝梢和果实。叶片发病时,最初出现为黄白色至白色圆形小斑点,直径为 0.5~1 毫米。随后逐渐扩展成浅褐色至紫褐色的圆形、多角形或不规则病斑,外缘有绿色晕圈,直径一般为 2 毫米左右。以后病斑干枯脱落,形成穿孔。病害严重时,也会导致早期落叶。新梢多于芽附近出现病斑。病斑以皮孔为中心,最初为暗绿色,水渍状。以后逐渐变成褐色至暗紫色,中间凹陷,边缘常有树脂状分泌物。后期病斑中心部分表皮龟裂。幼果发病时,开始出现浅褐色圆形小斑。以后病斑颜色变深,稍凹陷,潮湿时分泌黄色黏质物,干燥时则形成不规则裂纹。

【发病规律】 病原细菌在病枝组织内越冬。翌年春天气温上升时,潜伏的细菌开始活动,并释放出大量细菌,借风雨、露滴、雾珠及昆虫传播,经叶片的气孔、枝条的芽痕和果实的皮孔侵入。在降雨频繁、多雾和温暖阴湿的天气下,病害严重;干旱少雨时则发病轻。树势弱,排水、通风不良的桃园发病重。虫害严重时,如红蜘蛛为害猖獗时,病菌从伤口侵入,发病严重。

【防治方法】

①加强桃园综合管理,增强树势,提高抗病能力 切忌将园址建在地下水位高或低洼的地方。土壤黏重和雨水较多时,要筑台田,改土防水。同时,要合理整形修剪,改善通风透光条件。冬、夏修剪时,要及时剪除病枝,清扫枯枝落叶,予以集中烧毁或深埋。

②药剂防治 在桃芽膨大前期,喷布5波美度石硫合剂或1∶1∶100倍波尔多液,杀灭越冬病菌。展叶后至发病前,喷布65%代森锌可湿性粉剂500倍液,或硫酸锌石灰液(配比为硫酸锌0.5千克,消石灰2千克,水120升)1~2次,或10%农用链霉素可湿性粉剂500~1 000倍液,也可喷布0.3波美度石硫合剂。

2. 根 癌 病

【分布及危害】 桃树根癌病,又名冠瘿病、根头癌肿病。遍及世界各地。寄主范围十分广泛。据统计,能侵染桃、梨、苹果、葡萄、柿、李、杏、樱桃、栗、核桃、枣和菊等138科、1 193种植物。寄生于寄主植物根部,形成冠瘿,削弱树势。严重时也有致果树死亡的情况发生。

【病原及症状】 桃树根癌病[*Agrobacterium tumefaciens*(Smith et Towns.)Conn.],其病原是根癌土壤杆菌,属细菌。菌体短杆状,鞭毛单极生,无芽孢。发育最适温度为22℃,最高为34℃,最低为10℃,致死温度为51℃,10分钟;

发育最适酸碱度为 pH 7.3。20 世纪 70 年代,澳大利亚 Kerr 教授研究发现该菌有三个生化型,侵染桃树的为生化Ⅰ型和生化Ⅱ型。

癌变主要发生在根颈部,也发生于主根和侧根。癌瘤通常以根颈和根为轴心,环生和偏生一侧,为球形或偏球形或不定形。数目少的 1～2 个,多的 10 余个。大小也十分悬殊,小的如豆粒,大的如核桃、拳头或更大,或若干个瘤簇生形成一个大瘤。初生瘤光洁柔滑,多呈乳白色,也有微红的,后渐变成褐色至深褐色,表面粗糙,凹凸不平,内部坚硬。后期癌瘤深黄褐色,易脱落,表面组织易破裂、腐烂,有腥臭味。老熟癌瘤脱落后的近处,还可产生新的次生癌瘤。发病植株由于根部发生癌变,水分、养分流通阻滞,地上部生长发育受阻,树势日衰,叶薄,细瘦,色黄,严重时干枯死亡。

【发病规律】 病原细菌存活于癌组织皮层和土壤中,可存活一年以上。雨水、灌溉水、地下害虫和线虫等,是传播的主要载体,苗木带菌是远距离传播的主要途径。病菌主要从嫁接口、虫伤、机械伤及气孔侵入寄主。入侵后,即刺激周围细胞加速分裂,导致形成癌瘤。病菌从侵入到癌瘤形成,病程差异很大,短的几周,长的一年以上。林、果苗木与蔬菜重茬,果苗与林苗重茬时,一般发病重,特别是桃苗与杨树苗、林地重茬时,根癌发生明显加多、加重。碱性土壤,土壤湿度大,黏重,排水不良,有利于侵染和发病。

【防治方法】

①培育优质苗木 一是避免重茬。栽种桃树或育苗忌重茬,也不要在原林(杨树、泡桐等)果(葡萄、柿、栗等)园地种植。二是嫁接苗木要采用芽接法,以避免伤口接触土壤,减少染病机会。嫁接工具使用前后须用 75% 酒精消毒,以免人为

传播。三是碱性土壤应适当施用酸性肥料,或增施有机肥,如绿肥等,以改变土壤性状,使之不利于病菌生长。

②**苗木消毒**　起苗后立即用 K84 生物农药 30～50 倍液浸根(淹没至接口上)3～5 分钟,或用 3‰次氯酸钠液浸根 3 分钟,或用 1‰硫酸铜液浸 5 分钟后,再放到 2‰石灰液中浸 2 分钟。以上三种消毒法,也适用于桃核浸种防病。

③**病瘤处理**　在定植后的桃树上发现病瘤时,先用快刀彻底切除癌瘤,然后用稀释 100 倍的硫酸铜溶液或 50 倍抗菌剂-402 溶液消毒切口,再外涂波尔多浆保护;也可用 10‰农用链霉素可湿性粉剂 1 000 倍液涂切口,外加凡士林保护;也可用 5 波美度石硫合剂与猪油熬制物,涂在切口。切下的病瘤应随即烧毁。对病株周围的土壤,可用抗菌剂-402 稀释的 2 000 倍液灌注消毒。处理病瘤时,注意不要使切口成为 1 周,否则会死树。

3. 流 胶 病

【**分布及危害**】　桃流胶病,又称树脂病。在我国各桃区普遍发生,尤其在南方高温多湿地区发病严重。病因复杂,不易彻底防治。流胶造成树势衰弱,影响果品质量,甚至死枝死树。除桃树外,其他核果类果树,如李、杏、樱桃和扁桃等,也有发生。

【**病原及症状**】　关于桃树发生流胶的原因,尚不十分清楚。凡使桃树正常生长发育产生阻碍的因素,都可能引起流胶。根据国内外的研究,以下几项因子可使桃树发生流胶:一是由于寄生性真菌、细菌的危害,如干腐病、腐烂病、炭疽病、疮痂病、溃疡病和穿孔病等,均引起流胶。据江苏省农业科学院陈祥照报道,桃流胶病是由子囊菌亚门的一种真菌(*Botry-osphaeria ribis* Gross. et Dugg.)引起的。其无性世代为 *Do-*

thiorella gregaria Sacc.（属半知菌亚门）。二是根部病害,如根癌病、线虫病以及银叶病与病毒病,使树体生长衰弱,降低抗性,也易发生流胶。三是枝干和果实蛀食害虫,如红颈天牛、吉丁虫、大青叶蝉和蚱蝉等,引起主干、主枝、小枝流胶,桃蛀螟、椿象和蜗牛引起果实流胶等。四是机械损伤、剪锯口、雹害、冻害、日灼以及重修剪的大伤口和拉枝缢痕,也能引起流胶。五是不良环境条件,如高温多湿、排水不良、灌溉不适当、土壤黏重、土壤盐碱化或酸化、土壤缺镁和空气硫害、氨害等,使桃产生生理障碍,也能引起流胶。六是砧木与品种的亲和性不良,如毛樱桃砧、杏砧接桃后容易发生流胶。七是结果太多,超荷负载。

此病多发生于桃树枝干,尤以主干和主枝杈桠处最易发生。初期病部略膨胀,后逐渐溢出半透明的胶质,雨后加重。其后胶质渐成冻胶状,失水后呈黄褐色,干燥时变为黑褐色。严重时,树皮开裂,皮层坏死,生长衰弱,叶色变黄,果小味苦,甚至枝干枯死。

【发病规律】　真菌 *Botryosphaeria ribis* Gross. et Dugg. 为害时,病菌孢子借风雨传播,从伤口和侧芽侵入,一年两次发病高峰。在南京为5月下旬至6月上旬和8月上旬至9月上旬。其他侵染性病害的发生分别见各病的发生规律。

非侵染性病害发生流胶后,容易再感染侵染性病害,尤以雨后为甚,树体迅速衰弱。

【防治方法】

①加强土、肥、水管理,改善土壤理化性质,提高土壤肥力,增强树体抵抗能力。

②及时防治桃园各种病虫害(详见各种病虫害防治方法)。

③对剪锯口和病斑刮除后的伤口,涂抹保护剂和防水漆,如 843 康复剂与铅油的合剂。

④落叶后,对树干和大枝涂白,防止日灼和冻害,并兼杀菌治虫。涂白剂配方为:大豆汁∶食盐∶生石灰∶水＝1∶5∶25∶70。配制时,先把优质生石灰用水化开,再加入大豆汁和食盐,搅拌成糊状即可。病情严重者,还可再加入废机油0.2 千克,石硫合剂原液 2 千克。也可以把流胶处老翘皮刮去,用 3～4 波美度石硫合剂与猪油熬制成糊状涂上。注意不要刮及内皮,以免烧坏树干。

⑤芽膨大前期,喷洒 5 波美度石硫合剂,铲除越冬病菌。

4.炭 疽 病

【分布及危害】　桃炭疽病是桃树的主要病害之一。分布于全国各桃产区,尤以江苏、浙江、上海及长江流域、东部沿海地区发病较重。发病严重时,使果实大量腐烂,枝条大量枯死,引起严重的损失。该病也可危害李、杏。人工接种它于苹果、梨、葡萄、樱桃、梅、枇杷和巴旦杏等,都可发病。

【病原及症状】　桃炭疽病的病原(*Gleosporium laeticolor* Berkeley)是半知菌亚门炭疽病属的一种真菌。病菌在寄主表皮下形成分生孢子盘,分生孢子梗集生其内。分生孢子梗无色,丝状,很少分枝。分生孢子椭圆形至长卵形。发病温度为 12℃～32℃,最适温度为 25℃,致死温度为 48℃。

炭疽病主要危害果实,也可危害叶片和新梢。幼果指头大时即可染菌发病,初为淡褐色水渍状斑,后随果实膨大成圆形或椭圆形,红褐色,中心凹陷。气候潮湿时,在病部长出橘红色小粒点。幼果染病后即停止生长,形成早期落果。气候干燥时,形成僵果残留树上,经冬不落。成熟期果实染病后,初时产生淡褐色水渍状病斑,后渐扩展,呈红褐色,凹陷,出现同心环状皱缩，并融合成不规则大斑。有的病斑干缩，出现裂果。布目早生和华光品种容易发病。病果多数脱落，少数残留树上。新梢上的病斑呈长椭圆形，绿褐色至暗褐色，稍凹陷。病梢上的叶片呈上卷状，严重时枝梢常枯死。叶片病斑圆形或不规则形，淡褐色，边缘清晰，后期病斑为灰褐色。

【发病规律】 病菌以菌丝在病枝、病果中越冬。翌年，遇适宜的温湿条件，即当平均气温达 10℃～12℃，相对湿度达80%以上时，开始形成孢子，借风雨、昆虫传播，形成第一次侵染。5月上旬，幼果开始发病。该病危害时间长，在桃的整个生育期都可侵染。高湿是本病发生与流行的主导诱因。花期低温多雨，有利于发病。果实成熟期温暖、多雨，以及粗放管理、土壤黏重、排水不良、施氮过多和树冠郁闭的桃园，发病严重。

【防治方法】

①科学建园 切忌在低洼、排水不良的黏质土壤地段建园，尤其是江河湖海附近及南方多雨阴湿地区，要起垄栽植，并注意品种的选择。

②加强栽培管理 多施有机肥和磷、钾肥，适时夏剪，改善树体结构，使之通风透光。及时摘除病果，减少传染源。冬剪时彻底剪除病枝和僵果，予以集中烧毁或深埋。

③药剂防治 萌芽前，喷 3～5 波美度石硫合剂，或 1∶1∶100 波尔多液，铲除病原。花前喷布 70%甲基托布津可湿性粉剂 800～1000 倍液，或 50%多菌灵可湿性粉剂 600～800 倍液，或 50%克菌丹可湿性粉剂 400～500 倍液，或 30%绿得保胶悬剂 400～500 倍液。每隔 10～15 天喷洒一次，连喷三次。药剂最好交替使用。

5. 褐腐病

【分布及危害】 桃褐腐病，又名菌核病、灰腐病、灰霉病；

是桃树的重要病害之一。在我国以山东、江苏和浙江等沿海和温暖潮湿的江淮地区,发病较为严重。果实生长后期,若果园蛀果害虫严重、裂果时,该病可引起大量烂果。除为害桃外,还侵染杏、李、梅、樱桃、苹果和梨等,果实、花、叶和枝梢都可受害发病。

【病原及症状】 桃褐腐病菌常见的有两种,一种是果生链核盘菌[*Monilinia fructicola*(Wint.)Rehm],另一种是核果链核盘菌[*Monilinia laxa*(Aderh. et Ruhl)Honey],属子囊菌亚门核盘菌中的真菌。病部长出的霉丛,即为病菌的分生孢子梗和分生孢子。病菌对低温抵抗力较强。病菌的发病适宜温度为 21℃～27℃。多雨、多雾的潮湿气候,有利于发病。

果实从幼果到成熟期至贮运期,都可发病,但以生长后期和贮运期果实发病较多,较重。果实染病后,果面开始出现小的褐色斑点,后急速扩大成圆形褐色大斑,果肉呈浅褐色,并很快使全果烂透。同时病部表面长出质地密结的串珠状灰褐色或灰白色霉丛,初为同心环纹状,后很快遍及全果。烂病果除少数脱落外,大多干缩成褐色至黑色僵果,挂在树上经久不落。染病花瓣和柱头,初生褐色斑点,后逐渐蔓延至花萼与花柄。天气潮湿时病花迅速腐烂,长出灰色霉层。气候干燥时,病花则萎缩干枯,长留树上不脱落。嫩叶发病常自叶缘开始,初为暗褐色水渍状病斑,接着很快扩展至叶柄,叶片萎垂如霜害。病叶上常具灰色霉层,也不易脱落。枝梢发病多为病花梗、病叶柄及病果中的菌丝向下蔓延所致,渐形成长圆形溃疡斑。病斑边缘紫褐色,中央微凹陷,灰褐色,周缘微凸,被覆灰色霉层。溃疡斑初期常有流胶现象。病斑扩展,环绕枝条 1周时,枝条萎蔫枯死。

【**发病规律**】 病菌在僵果和被害枝的病部越冬。翌年春季,借风雨、昆虫传播,由气孔、皮孔和伤口侵入,引起初次侵染。分生孢子萌发产生芽管,侵入柱头和蜜腺,造成花腐,再蔓延到新梢。病果在适宜条件下长出大量分生孢子,引起再侵染。贮藏果与病果接触也引发病害。

【**防治方法**】

①结合冬剪,彻底清除树上树下的病枝、病叶和僵果,予以集中烧毁。秋、冬季深翻树盘,将病菌埋于地下。

②及时防治椿象、象鼻虫、食心虫和桃蛀螟等蛀果害虫,减少伤口。

③进行药剂防治。芽膨大期,喷布 5 波美度石硫合剂。花后 10 天至采收前 20 天,喷布 70%代森锰锌 800～1 000 倍液,或 70%甲基托布津 800 倍液,或 50%多菌灵可湿性粉剂 800 倍液,或 50%硫悬浮剂 500～800 倍液,或 30%绿得保胶悬剂 400～500 倍液,或 20%三唑酮乳油 3 000～4 000 倍液。对以上药剂要注意交替使用。

6.根结线虫病

【**分布及危害**】 桃根结线虫病,又名桃根瘤线虫病,属根部寄生型土传病害。幼苗、成龄大树都可发生,以幼苗发病较为普遍,受害较严重。该病是当前桃苗生产和繁育的一大障碍。主要分布于 1 月份平均温度在 −11℃ 的以南、及南纬 33°以北的地区。其病原多集中在距地表 5～30 厘米的土层中,1米以下的土层中很少有。

【**病原及症状**】 经朱更瑞等多年研究及寄主鉴别试验,明确在郑州地区危害桃的是南方根结线虫 2 号生理小种,即 2 号宗[*Meloidogyne incognita* (B)(Kofoid et White 1919)Chitwood 1949]。雌、雄异形。幼虫不分节,蠕虫状,较活跃,无色,长为 0.360～0.393 毫米。成龄雌虫梨形或袋形,无色、大小为 0.440～1.300 毫米×0.325～0.700 毫米,可连续产卵 2～3 个月。停止产卵以后,还能继续存活一段时间。一个卵块的含卵量,最多可达 1 000 余粒。雄虫体形较粗长,不分节,行动较迟缓,寿命短,仅几个星期。其生长发育的最适宜温度 25℃～30℃,最低为 5℃,最高为 40℃。

根结线虫以在寄主植物根部形成根瘤为特征。根瘤开始较小,为白色至黄白色。以后,根皮继续膨大,危害严重时,根瘤呈节结状或鸡爪状,黄褐色,表面粗糙,易腐败。发病植株的根比健康植株的根短,侧根和须根很少,发育差。

其地上部分,染病较轻者一般症状不明显;染病较重的叶片黄瘦,枝叶缺乏生机,似缺肥状,长势差或极差。

【发病规律】 根结线虫以卵或二龄幼虫于寄主根部或土壤中越冬。次年,二龄幼虫由寄主根端的伸长区,侵入根内,于生长锥内定居不动,并不断分泌刺激物,使细胞壁溶解,相邻细胞内含物合并,细胞核连续分裂,形成巨型细胞,以致成为典型根瘤。虫体也随着开始膨大,经第四次蜕皮后,发育成为雌性成虫,并抱卵继续繁衍。

【防治方法】

①忌重茬 实行轮作。桃树与禾本科作物连茬一般发病轻。有条件的地方,还可采用淤灌或水旱轮作方式防病。

②选择用肥 鸡粪、棉籽饼和烟草粉末等,对线虫发生有较强抑制作用。碳铵、硫铵及未腐熟好的树叶、草肥,则对线虫发生有促进作用。根结线虫严重的桃园,要避免选择后一类肥料。

③选用抗病砧木 朱更瑞等对 24 种桃砧木进行连续三年的接种试验和自然病圃试验,表明甘肃桃 1 号对南方根结

线虫免疫,是良好的砧木。山桃、列玛格与筑波 2 号等高抗根结线虫病,可在生产上直接利用。

④药剂防治 春季用 1.8％阿维菌素乳油 5 000 倍液,在树冠外围挖环状沟灌药,然后用地膜覆盖;或用线虫清(又名淡紫拟青霉、真菌杀线虫剂)沟施,施后覆土灌水,或在定植苗木时将该药掺入有机肥中。

7. 疮 痂 病

【分布及危害】 桃疮痂病,又名黑星病。在我国各地普遍发生,尤以高温多湿的江浙一带发病最重。油桃更容易感染此病。此病除危害桃外,还能侵害李、梅、杏和樱桃等核果类果树。

【病原及症状】 桃疮痂病[*Cladosporium carpophilum* Thumen.]的病原菌,为嗜果枝孢菌,属半知菌亚门,丝梗孢目,暗色菌科的一种真菌。病菌只形成分生孢子,通常单孢,偶有双孢,长椭圆形,淡褐色。

此病主要危害果实,但也能危害枝梢和叶片。果实初发病时,出现绿色水渍状小圆斑点,后渐呈暗绿色,直径为 2～3 毫米。本病症状与细菌性穿孔病很相似,但病斑带绿色,严重时一个果上可有数十个病斑。病菌的侵染只限于表皮,病部木栓化,停止生长,随着果实的膨大,形成龟裂。病斑多出现于果肩部。幼梢发病,最初产生暗绿色椭圆形小点,后变为浅褐色,至秋天成为褐色或紫褐色,严重时小病斑连成大片。叶片发病时,叶背出现多角形或不规则的灰绿色病斑,以后两面均为暗绿色,继而渐变为褐色至紫红色。最后,病斑脱落,形成穿孔,严重时可导致落叶。

【发病规律】 病菌在 1 年生枝的病斑上越冬。翌年春季,病原孢子以雨水、雾滴和露水传带感染发病。从侵入到发病,病程较长,果实为 40～70 天,新梢、叶片为 25～45 天。一般情况下,早熟品种发病轻,中晚熟品种发病较重。病菌发育最适温度为 20℃～27℃。多雨潮湿的天气,或黏土地、树冠郁闭的果园容易发病。

【防治方法】

①加强桃园管理,及时进行夏季修剪,改善通风透光条件,防止郁闭,降低湿度。在桃园铺地膜,可明显减轻发病。果实套袋,也是防治该病的一种有效的办法。

②冬剪时彻底剪除病枝并烧毁,减少病原。

③进行药剂防治。在芽膨大前期,喷布 3～5 波美度石硫合剂,铲除越冬病原。落花后半个月至 7 月份,根据天气情况,每半个月喷布一次 70％代森锰锌可湿性粉剂 800～1 000 倍液,或 50％多菌灵可湿性粉剂 800 倍液,或 50％甲基托布津可湿性粉剂 500 倍液,或 50％硫悬浮剂 500 倍液,或 0.3～0.4 波美度石硫合剂,或 40％福星乳油 10 000 倍液,均对防治此病有效。最好不要重复用单一药品,要交替使用。

8. 白 粉 病

【分布及危害】 桃白粉病,是最耐干旱的植物真菌病害,一般在温暖干旱气候下严重发生,以新疆和甘肃的桃树发病较重。在温室高湿情况下,尤其是苗期很容易蔓延。该病除危害桃外,还危害核果类的其他树种。但有一种病原为桃单壳丝菌的白粉病,寄主只有桃和扁桃,主要在新疆发生。

【病原及症状】 桃白粉病有两种病原,其一是三指叉丝单囊壳菌(*Podosphaera tridactyla* Wallr. de Bary),发生较为普遍,主要危害桃叶,也危害幼梢。其寄主还有李和樱桃。其二是桃单壳丝菌[*Sphaerotheca pannosa* (Wallr.) Leveille Var. Persicae Worornichi.]。三指叉丝单囊壳菌的菌丝外生,叶上菌丝很薄,发病后期近于消失。分生孢子稍呈球形或椭圆形,无色,单孢,在分生孢子梗上连生。分生孢子梗着生的基部细胞肥大。桃单壳丝菌的分生孢子,为椭圆至长椭圆形,无色,单孢,主要引发果实症状。

叶片染病后,正面产生褪绿性的、边缘极不明显的淡黄色小斑,小斑上生有白色粉状物(为分生孢子和菌丝、分生孢子梗),斑叶呈波浪状。夏末秋初时,病斑上常生许多黑色小点粒(子囊果)。病叶常提前干枯脱落。果实以幼果较易感病,病斑圆形,被覆密集白粉丛物,果形不正,常呈歪斜状。

【发病规律】 病菌菌丝以寄生状态,潜伏于寄主组织上或芽内越冬。子囊果是白粉病越冬的重要形态,一般在落叶上休眠存活。次年早春,在寄主发芽至展叶期,以分生孢子和子囊孢子,随气流和风传播,形成初侵染。分生孢子在空气中即能发芽,一般产生 1～3 个芽管(吸器),旋即伸入寄主体内吸取养分,以外寄生形式于寄主体表营寄生生活,并不断产生分生孢子,形成重复侵染。夏末秋初,于寄主体表产生子囊果,初为白色至黄色,成熟后呈黑褐色至黑色。

桃白粉病在一般年份,以幼苗发生较多、较重,大树发病较少,危害较轻。砧木品种间感病差异很大,以新疆毛桃抗性最差,发病最重。桃白粉病菌对硫及硫制剂很敏感。

【防治方法】

①落叶后至发芽前,彻底清除桃园落叶,予以集中烧毁。发病初期,及时摘除病果,予以深埋。

②芽膨大前期,喷洒 5 波美度石硫合剂,消灭越冬病原。

③发病初期,及时喷洒 50%硫悬浮剂 500 倍液,或 50%多菌灵可湿性粉剂 800～1 000 倍液,20%粉锈宁乳油(或粉剂)3 000 倍液,50%甲基托布津 800 倍液等,均有较好的防治

效果。0.3 波美度石硫合剂,对该病防治效果较好,但夏季气温高时应停用,以免发生药害。

9. 银 叶 病

【分布及危害】 桃银叶病,在国内分布于河南、安徽、江苏、浙江、湖北、四川和上海等地。在国外,以法国和新西兰发生较多,日本也有发生的报道。其寄主范围很广,除桃、苹果、梨、李、杏、樱桃、山楂和板栗等果树外,杨树、柳树、桦树、栎树、橡树和针叶树等林木,也是其寄主。

【病原及症状】 桃银叶病[*Stereum purpureum* Persoon],其病原为担子菌亚门的紫韧革菌。菌落前缘幼嫩菌丝长有泡状体。泡状体梨形,无色,孢壁薄,其内充满颗粒。子实体有浓腥味,形态稍圆或呈支架状。

病叶铅色,后变为银白色,异于正常叶。病叶质脆,叶绿素减少,以靠近新梢基部的病叶症状明显。银叶主要是由于上表皮层和栅栏细胞层分离,形成空隔,干扰了正常光线的折射而造成的,实际上在病叶中并无病原菌,是一个不同于一般病害的特征。心材变为浅褐色,后呈深褐色,组织干燥,有酒糟味。枝干枯死后,病组织表面呈现革状紫色子实体。如枝干不枯死,表面不长子实体。植株感病严重时,三年即会死亡。改接树最易发病。

【发病规律】 病菌以菌丝在木质部越冬。翌年春夏多雨、潮湿的季节,形成子实体。子实体散发的担孢子通过剪口、伤口侵入木质部,上下蔓延,通过导管,穿过边材。病菌只能从伤口侵入枝干,没有伤口的枝干不会被侵染。因此,伤口附近的叶片最早表现出症状。江淮流域和南方地区,春季雨水多,适于病菌侵染,所以银叶病发生得多。而北方春季干旱,发病相对较少。

【防治方法】

①冬剪时,彻底清除桃园里的死树和死枝,并加以烧毁,消灭越冬病原。春天检查果园附近的杨树、柳树和其他果树,尤其杨树的树桩、柳树的树干,这些部位出现子实体的可能性大。发现后,用刀削除,并用5波美度石硫合剂进行消毒。

②保护伤口。用托布津涂剂涂抹伤口,防止感染。或采用石硫合剂及其他伤口保护剂涂布伤口,避免病菌着生。

③加强肥水管理,增强树势,提高桃树的抗病能力。

10. 溃疡病

【分布及危害】 桃溃疡病在我国各桃区均可见到,以管理粗放、树势衰弱的老桃园发生严重。在较凉爽的地区病害易蔓延,但不像腐烂病那样危害严重。其寄主除桃外,还有李、杏与梅等。

【病原及症状】 桃溃疡病的病原为梨黑腐皮壳菌[*Valsa ambiens*(Persoon ex Fries)Fries]。有性阶段为子囊菌亚门,核菌纲,球壳菌目,间座壳菌科。无性阶段为壳囊孢属。子座顶部为外子座冠,底部的子座壳不完备。子座断面外侧呈灰色至灰黑色,内部灰色至灰黄色。分生孢子器形态复杂,具长茎,开口于寄主表面,一个子座只有一个腔。分生孢子无色,单胞,圆筒形,稍弯曲。

病斑出现时,树皮稍隆起,后明显肿胀,用手指按压,稍觉柔软,并有弹性。皮层组织红褐色,有胶体出现,闻之有酒糟味。后来病斑干缩凹陷,最后整个大枝明显凹陷成条沟,严重削弱树势。

【发病规律】 病菌以菌丝体、子囊壳或分生孢子器在枝干病组织中越冬。翌年春季,孢子从伤口枯死部位侵入寄主体内。病斑在早春、初夏扩大。在雨天或浓雾潮湿天气排出孢子角。孢子借雨水传播,昆虫活动也能携带孢子传染。菌丝在皮层组织内蔓延。病菌分泌酶,将寄主细胞壁和细胞内含物溶解,变成胶质并形成胶质腔。内部皮层和韧皮纤维组织受影响,细胞中间层的果胶被溶解,细胞内含物也被溶解,结果形成胶质沟。胶质沟为上下方向,使胶质流向体外,最后枝干表面出现凹陷条沟。衰弱、高接树容易感染此病。

【防治方法】

①加强栽培管理,多施有机肥,增强树势。

②刮治病斑。病斑小时,在秋末早春彻底刮除病组织,然后涂上伤口保护剂,如843康复剂、腐必清和菌毒清等。最好用塑料薄膜加以包扎。病斑大时,因为桃容易流胶,可用锋利的刀片纵向切割成条状,然后用透性较强的药剂如9281,稀释4~5倍,涂抹其上,再用薄膜包裹。或用杜帮福星涂抹。

③树干、大枝涂白。

11. 矮缩病

【分布及危害】 桃矮缩病在我国近些年才被发现。近几年有蔓延的趋势。它除危害桃树外,还为害李、樱桃与梅等树种。

【病原及症状】 桃矮缩病的病原是梅矮缩病毒(PDV)。其自然寄主较少,可侵染李属植物,对樱桃侵染更重。

桃矮缩病的症状具有多型性。不同植株的矮缩程度不同,同一植株不同部位的枝条,矮缩程度也不同。春季表现最明显的短缩,后期根据气候还能有所缓解。叶片短小,质硬不舒展,有的叶片变为灰绿色或墨绿色,轻度时叶片变短变宽,当植株大量感病后,很少有果实收获。

【发病规律】 桃矮缩病毒靠花粉和种子自然繁殖。在自然状态下,有10%的胚带有病毒。嫁接、修剪也是传播的途径。采用带病毒的品种进行育苗和高接,会使传播范围扩大。病毒在一些年份内,或表现,或不表现,或表现程度不同,但都具有传染性。染病初期,节间比正常植株略短,但能正常开花结果。严重时,节间极短,花少,坐果率低或无产量。

【防治方法】

①发现病株彻底挖除,并捡净病根,集中烧毁。

②采用无病毒植株进行繁殖,以免传播。

③新桃园要远离有病桃园。

④禁止在病区采集砧木种子,用于苗木繁育。

12. 花 叶 病

【分布及危害】 桃花叶病属类病毒病,在我国发生较少,但近几年由于从国外广泛引种,带入此病,有蔓延的趋势。

【病原及症状】 桃花叶病是由桃潜隐花叶类病毒寄生而引起的。只寄生桃,扁桃无此病。桃潜隐花叶类病毒对热稳定,在各种组织中能很快繁殖。

桃潜隐花叶病,是一种潜隐性病害。桃树感病后生长缓慢,开花略晚,果实稍扁,微有苦味。早春萌芽后不久,即出现黄叶,4～5月份最多,但到7～8月份病害减轻,或不表现黄叶。有些年份可能不表现症状,具有隐藏性。叶片黄化但不变形,只是呈现鲜黄色病部或乳白色杂色,或发生褪绿斑点和扩散形花叶。少数严重的病株全树大部分叶片黄化,卷曲,大枝出现溃疡。高温适宜这种病株出现,尤其在保护地栽培中发病较重。

【发病规律】 桃花叶病主要通过嫁接传播,无论是砧木还是接穗带毒,均可形成新的病株,通过苗木销售带到各地。在同一桃园,修剪、蚜虫、瘿螨都可以传毒。所以,在病株周围20米范围内,花叶相当普遍。

【防治方法】

①在局部地块发现病株时，要及时挖除并销毁，防止扩散。

②采用无毒材料（砧木和接穗）进行苗木繁育。若发现有病株，不得外流接穗。

③修剪工具要消毒，避免传染。

13. 桃缩叶病

【分布及危害】 桃缩叶病在吉林、辽宁、河北、山东、山西、四川、云南、湖南、江苏和浙江等地均有分布，在沿海和滨湖地区发生较重，特别是早春阴雨低温时间长时发病严重。桃树早春发病后，引起初夏的早期落叶，夏芽生长，枝条不充实，不仅影响当年产量，而且还严重影响第二年的花芽形成。如连年落叶，则树势削弱，导致过早衰亡。该病除危害桃外，还可危害扁桃和蟠桃。

【病原及症状】 病原为畸形外囊菌［*Taphrina deformans*(Berk.)Tul.］，属子囊菌亚门真菌。病菌有性阶段形成子囊及子囊孢子。子囊裸露无包被，排列成层，生于叶片角质层下。子囊孢子可在子囊内或子囊外芽殖，产生芽孢子。芽孢子卵圆形，可分薄壁与厚壁两种，前者能直接再芽殖，而后者能抵抗不良环境，可用以休眠。

桃缩叶病主要危害桃树幼嫩部分，以侵害叶片为主，严重时也可危害花、嫩梢和幼果。春季嫩梢刚从芽鳞抽出时，幼叶就呈现卷曲状，颜色发红。随着叶片的逐渐开展，卷曲皱缩程度也随之加剧，叶片增厚变脆，并呈红褐色，严重时全株叶片变形，枝梢枯死。春末夏初，在叶片表面生出一层灰白色霜状物，即病菌的子囊层。最后病叶变褐，焦枯脱落后，腋芽常萌发抽出新梢，新叶不再受害。枝梢受害后呈灰绿色或黄色，比正常的枝条节间短,而且略为粗肿。其上叶片丛生,严重时整枝枯死。

花和果实受害后多半脱落,花瓣肥大变长,病果畸形,果面常龟裂。

【发病规律】 病菌主要以厚壁芽殖孢子在桃芽鳞片上越冬,亦可在枝干的树皮上越冬。次年春季,当桃芽萌发时,芽孢子即萌发,由芽管直接穿过表皮或由气孔侵入嫩叶(成熟组织不受侵害)。在幼叶展开前由叶背侵入,展叶后可从叶正面侵入。病菌侵入后,菌丝在表皮细胞下栅栏组织细胞间蔓延,刺激中层细胞大量分裂,胞壁加厚,叶片由于生长不均而发生皱缩并变红。初夏则形成子囊层,产生子囊孢子和芽孢子。芽孢子在芽鳞和树皮上越夏,在条件适宜时继续芽殖。病害一般在4月上旬开始发生,4月下旬至5月上旬为发病盛期。6月份气温升高,发病渐趋停止。品种间以早熟品种发病较重,中晚熟品种发病较轻。

【防治方法】

①药剂防治 桃缩叶病菌自当年夏季到次年早春桃树萌芽展叶前,营芽殖生活,不侵入寄主,所以这时用药剂防治桃缩叶病具有明显的效果。但是用药的时间要恰当,过早过晚效果都不好。掌握在花芽露红(未展开)时,喷洒一次2~3波美度的石硫合剂,或45%晶体石硫合剂稀释100倍液,或1:1:100的波尔多液,或30%绿得保胶悬剂200~300倍液,对清除树上越冬病菌效果很好,但喷药一定要周到细致。一般不需再喷药,但遇到冷凉多雨天气(如昆明在夏、秋季也有发病)时,有利于病菌侵染,可以再喷25%的多菌灵可湿性粉剂300倍液1~2次。

②加强果园管理 在病叶初见而未形成白粉之前,及时

摘除病叶病果,并集中烧毁(一定要烧毁或深埋),可减少越冬菌源。发病较重的桃树,由于叶片大量焦枯和脱落,应及时增施肥料,加强栽培管理,促使树势恢复,以免影响当年和第二年的产量。

14. 桃瘿螨畸果病

【分布及危害】 桃瘿螨畸果病,是在河北、新疆桃树上发现的一种新病害。因果面凹凸不平,群众称其为疙瘩桃。

【病原及症状】 病原为下心瘿螨(*Eriophyes catacriae Keifer.*),属微型螨类。瘿螨体长 208 微米,体宽 44 微米,呈长圆筒形。足 2 对,位于体躯前端并向前伸。跗节着生羽状爪。背环 75 个,腹环 65 个。体侧具刚毛 3 对,尾毛 1 对。

本病仅在果实上表现症状。落花后,幼小果实开始受害,果面出现不规则的暗绿色斑块。随着桃果的膨大,病部桃毛逐渐变褐、倒伏和脱落,病部生长受阻而呈现深绿色凹陷状。后期,病果呈凹凸不平、着色不均匀的"猴头"状,病部果肉为深绿色。果实膨大期受害,果面发生纵横裂口,有的裂口长而深。严重受害果,果肉木质化,不堪食用。感病桃树,部分叶芽坏死,开花后期常呈现有花无叶的"干枝梅"状。

【发病规律】 瘿螨于 7 月下旬由桃果转到桃芽上为害,并进行产卵繁殖。11 月下旬,以成螨在桃芽鳞片及芽基等处越冬。次年 3 月上旬开始活动,4 月上旬产卵,4 月中下旬桃花开放时,瘿螨转移到子房上为害。该病于 5 月下旬进入发病盛期。

【防治方法】

①桃树萌芽期,结合防治其他病虫害,喷施 5 波美度石硫合剂。

②从落花后开始,每 10 天左右喷一次药,连喷 2～3 次,

防治效果较为理想。有效药剂有：10%哒螨灵乳油 3 000～4 000倍液，0.2～0.3 波美度石硫合剂，50%硫悬浮剂 400～500 倍液，20%灭扫利乳油 2 000～3 000 倍液等。一般落花后立即喷药效果较好，如果在果实加速膨大期开始喷药，则防治效果很差。

15. 桃疣皮病

【分布及危害】 在江南水蜜桃产区发生极为普遍。是一种枝干病害。因其患病部组织能分泌桃胶，过去常把它与桃流胶病混为一谈。

【症状及发病规律】 病株最初在1～2年生枝条的皮孔上产生疣状小突起，后发展成直径约4毫米的疣状病斑，表面散生小黑点（即病菌的分生孢子器）。第二年春夏，病斑扩大，破裂，溢出树脂，使枝条表皮粗糙变黑，严重时皮层坏死，枝条枯死。

【防治方法】

①加强管理，增强树势，提高树体抗病力。

②在休眠期结合修剪，将病枝剪去。对大枝上的病斑可用20%的 402 抗菌剂 100 倍液涂刷。以后可用多菌灵喷洒防治。

16. 日 烧 病

【分布及危害】 又叫日灼病。有果实日烧和枝干日烧两种。属生理性病害。枝干裸露、大枝开张的油桃园容易发生，在高海拔地区表现更为明显。

【症状及发病规律】 桃树夏、秋季发生日烧，与高温干旱有关。由于太阳直射，枝干、果实表面温度较高，而水分又不能足够供应，致使直射点的温度过高又缺水而被灼伤。日烧病的发生情况，桃树品种间有差异，玫瑰露、阿布白桃发生较重。冬春季时桃树发生日烧,是因为白天太阳直射,使枝干温度升高,到夜间温度又下降很多,使皮层细胞受冻,第二天温度又升高,皮层细胞发生冻融,到夜间又受冻,这样冻融交替发生,致使皮层坏死。特别是干旱和冻土层深的地区,该病发生严重。发生日烧病的桃树,枝干干缩凹陷,果实出现一个坚硬的褐色大斑。

【防治方法】

①注意主枝角度不要过大,枝背上不能光秃。要适当留些小型枝组,以遮挡直射的太阳光。

②生长季要保证水分供应,冬季要灌封冻水,开春要灌萌芽水。

③树干、大枝涂白,反射阳光以降温,缓和树皮的温度变化。寒冷地区,面积小的桃园,冬季可以给大枝绑草(或覆草)、涂泥。

17. 营养元素的失调及防治

桃需要各种营养元素,以维持其正常生长发育。营养元素缺少或过多,都会出现营养失调。在实际生产中,经常出现营养元素缺乏症状,也有因为某种元素过剩而影响对其他元素的吸收。所以,不能单纯以"土壤不缺"作为判断标准,而应以叶片和土壤的综合分析结果作依据。

(1)氮素失调

【症　状】　缺氮会使全株叶片变成浅绿色至黄色,重者在叶片上形成坏死斑。缺氮的桃树,枝条细弱,短而硬,皮部呈棕色或紫红色。果实早熟,上色好。果肉风味淡,含纤维多。

【发生规律】　缺氮初期,新梢基部叶片逐渐变成黄绿色,枝梢也随即停长。如继续缺氮,则新梢上的叶片由下而上地全部变黄,叶柄和叶脉则变红。因为氮素可以从老熟组织转移到幼嫩组织中,所以,缺氮症多在较老的枝条上表现得比较显著,幼嫩枝条表现较晚且轻。严重缺氮时,叶脉之间的叶肉出现红色或红褐色斑点。在后期,许多斑点发展成为坏死斑,这是缺氮的特征。土壤瘠薄,管理粗放,杂草丛生的桃园,易表现缺氮症。在砂质土壤上的幼树,在新梢速长期或遇大雨,几天内即表现出缺氮症。

【防治方法】 缺氮的植株易于矫正。桃树缺氮应在施足有机肥的基础上,适时追施氮素化肥。

①早春或晚秋,最好是在晚秋,按1千克桃果施2~3千克有机肥的比例,开沟施有机肥。

②追施氮素化肥,如硫铵和尿素。施用后,症状很快会得到矫正。在雨季和秋梢迅速生长期,树体需要大量氮素,而此时土壤中氮素易流失,故应及时补充氮肥。除土施外,也可用0.1%~0.3%的尿素溶液喷布树冠。在北方地区,施用氮肥不能太晚,以防止新梢组织不充实而发生抽条或冻害。

但是氮素过剩后,果实、叶片变大,枝梢徒长,抗病能力降低,花芽分化少,易落花落果,果实风味变淡,贮藏性能变差,同时影响对磷、铜、锌、锰与钼等的吸收。要防止氮素过剩现象的发生,当土壤理化性质变劣时,应增施有机肥。

(2)磷素失调

【症 状】 缺磷程度较重的桃园,桃树新叶片小,叶柄及叶背的叶脉呈紫红色。继续发展,叶柄及叶背的叶脉呈青铜色或褐色,叶片与枝条呈直角。

【发生规律】 由于磷素可以从老熟组织转移到新生组织中被重新利用,因此老叶片首先表现症状。缺磷初期,叶色较正常,或是变为浓绿色或暗绿色,似氮肥过多。叶肉革质,叶片扁平且窄小。缺磷严重时,老叶片往往形成黄绿色或深绿色相间的花叶,叶片很快脱落,枝条纤细。新梢节短,甚至呈轮生叶,细根发育受阻,植株矮化。果实早熟,肉干,汁少,风味不良,并有较深纵裂和流胶。幼龄树缺磷受害最显著。

桃树缺磷,除土壤中含磷量少以外,在土壤含钙量多的盐碱地区,土壤中的磷素被固定成磷酸钙或磷酸铁铝而不能被吸收,也是缺磷的重要因素。

【防治方法】 增施有机肥料,改良土壤,是防治缺磷症的有效方法。施用过磷酸钙或磷酸二氢钾,防治缺磷效果明显。

①秋季施入腐熟的有机肥,做到斤果斤肥,并将过磷酸钙和磷酸二氢钾混入有机肥中一并施用,效果更好。

②追施速效磷肥。石灰性土壤宜选用过磷酸钙、重过磷酸钙和磷酸铵等水溶性磷肥;酸性土壤可选用钙镁磷肥、磷矿粉等弱酸性或难溶性磷肥。

③可施入磷酸二铵或专用肥料,轻度缺磷的园片,生长季节喷 0.3% 的磷酸二氢钾溶液 $2\sim3$ 遍,可使症状得到缓解。

磷肥施用过量时,一般不会引起直接的危害症状,而是影响其他元素的有效性,诱发某种缺素症,如降低铜、锌、铁、硼的有效性。这也应当加以防止。

(3)钾素失调

【症 状】 缺钾症状的主要特征是,叶片卷曲并皱缩,有时呈镰刀状。晚夏以后叶片变为浅绿色。严重缺钾时,老叶主脉附近皱缩,叶缘或近叶缘处出现坏死,形成不规则边缘和穿孔;或顶芽不发育,出现枯梢现象。

【发生规律】 缺钾初期,表现枝条中部叶片皱缩。继续缺钾时,叶片皱缩更明显,扩展也加快。此时若遇干旱,则易发生叶片卷曲现象,以至全树呈萎蔫状。缺钾影响氮的利用率,使叶片呈黄绿色。以后形成褐色斑块,并进而形成穿孔或缺刻,叶片破碎。那些缺钾而卷曲的叶片背面,常变成紫红色或淡红色。新梢细短,生理落果率高,果小,花芽少或无花芽。桃对钾的需求量高,田间轻度缺钾时,前期不易表现症状,后期果实膨大需钾量增加时才易于表现。

在细砂土、酸性土,有机质少和施用钙、镁较多的土壤上,易表现缺钾症。在砂质土中施石灰过多,会降低钾的可给性。在轻度缺钾的土壤中施用氮肥时,可刺激桃树生长,更易表现缺钾症。桃树缺钾,容易遭受冻害或旱害。但施钾肥后,常引起缺镁症。

【防治方法】 桃树缺钾,应在增施有机肥的基础上,注意补施一定量的钾肥,避免偏施氮肥。生长季喷施 0.2％硫酸钾或硝酸钾 2～3 次,可明显防治缺钾症状。注意尽量不要施用氯化钾。

钾中毒症状很少见。土壤高钾会影响桃树对镁、钙、锰、锌、硼的吸收,同时对果实品质有较大影响,会导致果皮粗糙而厚,汁液少,成熟晚。

(4)铁素失调

【症　状】 桃树缺铁主要表现叶脉保持绿色,而脉间褪绿。严重时整片叶全部黄化,最后白化,导致幼叶、嫩梢枯死。

【发病规律】 由于铁在植物体内不易流动,故缺铁症状从幼嫩叶上开始。开始,叶肉变黄,而叶脉仍保持绿色,叶面呈绿色网纹失绿。随着病势的发展,整叶变白,失绿部分出现锈褐色枯斑或叶缘焦枯,引起落叶,最后新梢顶端枯死。一般树冠外围、上部的新梢,顶端叶片发病较重,往下的老叶病情递次减轻。严重或连年发病,则早春萌芽就表现症状,甚至萌芽不整齐,出现枯芽,落花落果严重,花芽分化不良,树体衰弱,抗性降低而多病缠身,严重者全株死亡。

在盐碱或钙质土中,桃树缺铁较为常见。在桃树缺铁症易发生的地区,又以干旱和植株迅速生长的季节较为严重。但在一些低洼地区导致盐分上泛,或在长期土壤含水量多的情况下,使土壤通气性差,降低根系的吸收能力,常引起更为严重的缺铁症。

【防治方法】 防治缺铁症应以控制盐碱,增加土壤有机质,改良土壤结构和理化性质,增加土壤的透气性为根本措施,再辅以其他防治方法,才能取得较好效果。凡土壤 pH 值高,石灰质多和含磷量高的桃园,容易发生缺铁失绿症,因为铁变成氢氧化铁,pH 值每增加 1,铁的溶解度便下降千倍。磷含量高时,和铁结合成磷酸铁而沉淀。具体防治方法如下:

①施用有机肥,降低根际土壤 pH 值,活化土壤中的铁素。

②对碱性土壤,可施用石膏、硫黄粉和生理酸性肥料,加以改良,促使土壤中被固定的铁元素释放出来。

③控制盐害是盐碱地区防治桃树缺铁症的重要措施。主要方法有:不用含碳酸盐较多的硬水浇地;修筑排灌设施或台田,以便及时灌水压盐;在灌水后及时中耕,减少盐分随毛细管水分蒸发上升至地面。在泛盐季节,无灌水压盐条件的桃园,可用秸秆、杂草和马粪等,进行地面覆盖或覆膜,也可起到减轻盐害的作用。

④黄叶病严重的桃园,必须补充可溶性铁。其方法,一是把硫酸亚铁 1 份与有机肥 5 份混合,每株施 2.5～5 千克,可有二年以上的效果;或把硫酸亚铁掺在有机肥中,沤制后施入土中。二是施用螯合铁。叶面喷 1 000～1 500 毫克/千克硝基黄腐酸铁,每隔 7～10 天喷一次,连喷三次;或施用荷兰生

产的叶绿灵、德国生产的绿得快。三是萌芽前每株成龄树浇灌 30～50 倍的硫酸亚铁水溶液 50～100 升,或每株撒施硫酸亚铁 1～2 千克,也有一些效果。最好与有机肥掺和施用,效果更好。

(5)锌素失调

【**症　状**】　桃树缺锌症主要表现为小叶,所以又叫"小叶病"。新梢节间短,顶端叶片挤在一起呈簇状,有时也称"丛簇病"。

【**发生规律**】　桃树缺锌,树体内生长素含量低,细胞吸水少,不能伸长或少伸长。以早春症状最明显,主要表现于新梢及叶片,而以树冠外围的顶梢表现最为严重。一般病枝发芽晚,叶片狭小细长,叶缘略向上卷,质硬而脆,叶脉间出现不规则的黄色或褪绿部位,这些褪绿部位逐渐融合成黄色伸长带,从靠近中脉至叶缘,在叶缘形成连续的褪绿边缘。和缺锰症不同的是,多数叶片沿着叶脉和围绕黄色部位有较宽的绿色部分。由于这种病梢生长停滞,故病梢下部可另发新梢,但仍表现出相同的症状。病枝上不易成花,不易坐果,果小而畸形。

缺锌和下列因素有关:砂土果园土壤瘠薄,锌的含量低;或由于土壤透水性好,灌水过多造成可溶性锌盐消失;氮肥施用量过多,造成锌需求量增加;盐碱地锌易被固定,不能被根系吸收;土壤黏重,活土层浅,根系发育不良;重茬果园或苗圃地更易患缺锌症。

【**防治方法**】

①发芽前喷 3%～5%硫酸锌溶液,或发芽初喷 0.1%硫酸锌溶液,花后 3 周喷 0.2%硫酸锌加 0.3%尿素,可明显减轻症状。

②结合秋施有机肥,每株成龄桃树加施 0.3～0.5 千克硫酸锌,第二年见效,持效期长达 3～5 年。

(6)硼素失调

【**症 状**】 桃树缺硼可使新梢在生长过程中发生"顶枯",也就是新梢从上往下枯死。在枯死部位的下方,会长出侧梢,使大枝出现丛枝反应。在果实上的表现为,发病初期,果皮细胞增厚,木栓化,果面凹凸不平。以后果肉细胞变褐,木栓化,成为畸形的"疙瘩果"。

【**发生规律**】 缺硼导致分生组织(包括形成层)退化,薄壁组织、维管组织发育不良。由于硼在树体组织中不能贮存,也不能由老组织转移到新生组织中去。因此,在果实生长过程中,任何时期缺硼都会导致发病。除土壤中缺硼引起桃缺硼症外,其他因素还有:①土层薄,缺乏腐殖质和植被保护,易造成雨水冲刷而缺硼;②土壤 pH 值在 5～7 时,硼的有效性最高,土壤偏碱或施石灰过多,硼就被固定,不能被有效利用;③土壤过分干燥,硼也不能被吸收利用。

【**防治方法**】

①**土壤补硼** 秋季或早春,结合施有机肥,加入硼砂或硼酸。可根据树干直径决定硼的施用量。离地面 30 厘米处,树干直径为 10 厘米、20 厘米、30 厘米的树,每株分别施 100 克、150 克、250 克硼。一般每隔 3～5 年施一次。

②**树上喷硼** 在强盐碱性土壤里,由于硼易被固定,故采用喷施方式效果更好。发芽前对枝干喷施 1%～2% 硼砂水溶液,或分别在花前、花期和花后各喷一次 0.2%～0.3% 硼砂水溶液,有利于提高坐果率。

硼过剩时,节间变长,枝条流胶、爆裂,叶片主脉、侧脉处变黄,严重时脱落。在生产中,要防止施硼过多。

(7)钙素失调

【症　状】　桃树对缺钙最敏感。主要表现是顶梢上的幼叶从叶尖端或中脉处坏死,严重缺钙时,枝条尖端以及嫩叶似火烧般地坏死,并迅速向下部枝条发展。有的还会出现裂果。果实套袋后,由于果面蒸发少,果实缺钙,故对着色和贮运性产生不利影响。

【发生规律】　在较老的组织中含量特别多,但移动性很小,故缺钙时首先是根系生长受抑制,从根尖向后枯死。在春季或生长季,表现为叶片或枝条坏死,有时表现许多枝异常粗短,顶端为深棕绿色,大型叶片多,花芽形成早,茎上皮孔胀大,叶片纵卷。

【防治方法】

①提高土壤中钙的有效性　增施有机肥料,或在酸性土壤中施用适量的石灰,中和土壤酸性,可以提高土壤中有效钙的释放。

②土壤施钙　秋施有机肥时,每株施 500～1 000 克石膏(硝酸钙或氧化钙),与有机肥混匀,一并施入。

③叶面喷施　对砂质土壤上的桃树叶面喷施 0.5％的硝酸钙。重病树一般喷 3～4 次即可。

钙过多时,会影响对铁、锌、锰、铜、硼、磷等的有效吸收。应选用酸性或生理酸性肥料,特别对石灰性土壤,可直接施硫黄粉,用量为每公顷 200 千克。

(8)锰素失调

【症　状】　桃树对缺锰敏感。缺锰时嫩叶和叶片长到一定大小后,出现特殊的侧脉间褪绿。严重时,脉间有坏死斑,早期落叶,整个树体叶片稀少,果实品质差,有时出现裂皮。

【发生规律】　土壤中的锰以各种形态存在。在有腐殖质和水时,呈可吸收态;土壤为碱性时,呈不溶解状态;土壤为酸性时,常由于锰含量过多,而造成果树中毒。春季干旱,易发生缺锰症。树体内锰和铁相互影响,缺锰时易引起铁过多症。反之锰过多时,易发生缺铁症。因此树体内铁、锰比应在一定的范围内。

【防治方法】

①增施有机肥。在酸性土壤中,避免施用生理酸性肥料,控制氮、磷的施用量。在碱性土壤中,可施用生理酸性肥料。

②在碱性土壤或石灰性土壤上,可对叶面喷施锰肥。早春喷 0.3%～0.4%硫酸锰,7～10 天后再喷一次,收效明显。

③在酸性土壤上叶喷和土施硫酸锰都可以。土壤施锰时,用量为每公顷 30 千克。将硫酸锰混合在有机肥料中施用。

(9)镁素失调

【症　状】　初期,成熟叶片呈深绿色或蓝绿色,小枝顶端叶片轻微缺绿,变薄。生长期缺镁,当年新梢基部叶片出现坏死区,呈深蓝色水浸状斑纹,具紫红色边缘。坏死区很快变为灰白色至浅绿色,随后变为淡棕色至棕褐色,数日内脱落。小枝柔韧,花芽形成显著减少。将桃苗栽于缺镁的培养液中,可见到较老绿叶的叶脉间产生浅灰色或黄褐色斑点,严重时斑点扩大,达到边缘。初期症状出现褪绿,颇似缺铁,严重时引起落叶,从下向上发展,只有少数幼叶仍然附着于梢尖。当叶脉之间绿色消褪,叶组织外观像一张灰色的纸,黄褐色斑点增大直至叶片边缘。

【发生规律】　在酸性土壤或砂质土壤中,镁易流失,在强碱性土壤中镁也会变成不可给态。当施钾肥或磷肥过多时,常会引起缺镁症。若在果园中过多使用硫黄合剂,则容易使土壤变为酸性,从而诱发缺镁症。

【防治方法】 在缺镁桃园,应在增施有机肥、加强土壤管理的基础上,进行叶面或根施镁肥。

①**根部施镁** 在酸性土壤中,为中和酸度,可施镁石灰750千克/公顷;中性、偏碱土壤可施用硫酸镁450千克/公顷。也可每年结合施有机肥,混入适量硫酸镁。

②**叶面喷施** 一般在6～7月份叶面喷施0.2%～0.3%的硫酸镁,效果较好。若在其中加入0.3%的尿素,会提高镁素喷施的效果。但叶面喷施可先做单株试验,待不出现药害后再普遍喷施。

镁素过量时,一般无特殊症状,多伴随着缺钙、缺钾、缺铁表现。

(二)主要害虫及其防治

1. 蚜 虫

(1)桃 蚜

【分布及危害】 桃蚜,又名桃赤蚜、烟蚜、腻虫、油汗等。分布十分普遍,是桃树的主要害虫,对油桃为害尤为严重。桃蚜除危害桃树外,还危害李、杏、樱桃、土豆、番茄、萝卜和白菜等多种作物。

每年春季,当桃树发芽长叶时,群集在树梢、嫩芽和幼叶背面刺吸营养。使被害部分出现黑色、红色和黄色小斑点。使叶片逐渐变白,向背面扭曲,卷成螺旋状,引起落叶,新梢不能生长,影响产量及花芽形成,削弱树势。蚜虫危害刚刚开放的花朵,刺吸子房营养,影响坐果,降低产量。蚜虫排泄的蜜露,污染叶面及枝梢,使桃树生理作用受阻,常造成煤烟病,加速早期落叶,影响生长。桃蚜还能传播桃树病毒。

【发生规律】 桃蚜一年发生 10 余代甚至 20 余代。以卵在寄主枝梢芽腋、裂缝和小枝杈处越冬。来年 3 月下旬以后开始孵化,群集芽上为害。嫩叶展开后,群集叶背面为害,并排泄蜜状黏液。被害叶呈不规则的卷缩状。影响新梢和果实生长。雌虫在 4 月下旬至 5 月份繁殖最盛,危害最大。5 月下旬以后,产生有翅蚜,迁飞转移到烟草、蔬菜上为害。10 月份,有翅蚜又迁飞回桃树等核果类果树上为害,并产生有性蚜,交尾产卵越冬。

桃蚜的发生与危害情况,受温、湿度影响很大,尤其湿度至为重要,连日平均相对湿度在 80% 以上,或低于 40% 时和大暴风雨后,虫口数量下降。

【防治方法】

①桃芽萌动后,喷施 95% 机油乳剂 100～150 倍液,防治蚜虫,兼治介壳虫和红蜘蛛。

②桃树落花后,蚜虫集中在新叶上为害时,及时细致地喷洒 10% 吡虫啉可湿性粉剂 3 000～4 000 倍液,或 10% 浏阳霉素 1 500～2 500 倍液,或 EB-82 灭蚜菌 200 倍液。

③秋季桃蚜迁飞回桃树时,用 20% 杀灭菊酯乳剂 3 000 倍液或 2.5% 溴氰菊酯乳剂 3 000 倍液。秋季迁飞时用塑料黄盘涂粘胶诱集。

④蚜虫的天敌有瓢虫、食蚜蝇、草蛉和寄生蜂等,对蚜虫发生有很强的抑制作用。因此,要保护天敌,尽量少喷广谱性农药。

(2)桃 粉 蚜

【分布及危害】 桃粉蚜,又称桃大尾蚜。南北各桃产区均有发生。春、夏之间,该虫经常和桃蚜混合发生,危害桃树叶片。其成虫、若虫群集于新梢和叶背刺吸汁液,使受害叶片呈花叶状,向叶背对合纵卷,卷叶内虫体被白色蜡粉。严重时叶片早落,新梢不能生长。其排泄的蜜露常致煤烟病发生。

【发生规律】 该虫每年发生 10～20 代。以卵在桃、杏和李等果树小枝杈、腋芽及裂皮缝处越冬。次年桃树萌芽时,卵开始孵化。5 月上旬繁殖为害最盛,比桃蚜为害时间长。6～7 月间,产生有翅蚜,迁飞到芦苇等禾本科植物上为害繁殖。10 月份又迁回到桃树上,产生有性蚜,交尾后产卵,以卵越冬。

【防治方法】 该虫的栽培管理技术防治和生物防治同桃蚜。化学防治基本同桃蚜。在芽萌动期,喷药防治桃粉蚜的效果最好。为害期喷药,应在药液中加入表面活性剂(0.1％～0.3％的中性洗衣粉,或 0.1％害立平),增加粘(展)着力,提高防治效果。具体方法参照桃蚜防治技术。

(3)桃瘤蚜

【分布及危害】 桃瘤蚜,又叫桃瘤头蚜。分布遍及全国,除危害桃外,还危害李、杏、梅和樱桃等。其夏、秋寄主为艾蒿及禾本科植物。

桃瘤蚜以成虫、若虫群集叶背吸食汁液。受害叶的边缘向背后纵向卷曲。卷曲处组织肥厚,凸凹不平,初呈淡绿色,后变为红色,严重时整叶卷成细绳状,最后干枯、脱落。危害严重的桃园,有的一大枝或整株表现症状,可一直持续到 7 月份。

【发生规律】 该虫每年发生 10 代。在华北地区及江苏省与江西省,以卵在桃和樱桃等果树枝条的腋芽处越冬。翌年春季桃芽萌动后,卵开始孵化。成蚜、若蚜群集叶背面繁殖、为害。在北方果区,5 月份始见蚜虫为害,6～7 月份大发生,并产生有翅胎生雌蚜迁飞到艾草上。10 月份又迁回桃和樱桃等果树上,产生有性蚜,交尾产卵,以卵越冬。

【防治方法】 为害期的桃瘤蚜迁移活动性不大,因此及时发现并剪除受害枝梢烧掉,是防治桃瘤蚜的重要措施。在芽萌动期,用5%高效氯氰菊酯乳油2 000倍液,或20%氰戊菊酯乳油3 000倍液、5%来福灵乳油3 000倍液、30%菊马乳油2 000倍液喷"干枝",消灭初孵若蚜。桃瘤蚜在卷叶内为害时,叶面喷雾防治效果较差。因此,喷药最好在卷叶前进行,或喷洒内吸性强的药剂,以提高防治效果。

2. 山楂叶螨

【分布及危害】 别名山楂红蜘蛛、樱桃叶螨和樱桃红蜘蛛。分布于东北、西北、内蒙古、华北及江苏北部等地区。主要危害苹果、山楂、桃、梨、李和杏等。

山楂红蜘蛛在大发生时期,常群集于叶背和初萌发的嫩芽上吸食汁液。叶片受害后出现失绿黄色斑点,逐渐扩大成红褐色斑块,严重时,整张叶片变黄,枯焦脱落。为害严重时,树叶大部分脱落,甚至造成二次开花,消耗树体大量养分,影响光合作用,导致树体衰弱。当年果实不能成熟,而且还影响花芽形成和次年果实产量。

【发生规律】 该虫一年发生的代数随地域而异。在我国辽宁省兴城等地,一年发生5～6代,而在黄河故道地区则一年发生8～9代。以受精冬型雌成虫,在树皮裂缝中、老翘皮下和树干基部的土缝中越冬。次年寄主花芽膨大时,开始出蛰活动,多集中在花、嫩芽、幼叶等幼嫩组织上为害。随后,于叶背面吐丝结网产卵,以叶背主脉两旁及其附近的卵最多。越冬出蛰后的越冬雌成虫寿命约20天。卵期随季节的温度变化而不同,春季平均11天,夏季为4～5天。

幼虫孵化后即开始为害。两天后即静止不动。经半天至一天,即蜕皮为前期若虫。前期若虫较活泼,随即在叶片背面爬行取食。经一日后,又静止不动,约半天至一天,即蜕皮变成后期若虫。后期若虫行动更为活泼,并往返拉丝,经一日后静止不动。再经 1~2 日蜕皮化为成虫。山楂叶螨除进行两性生殖外,还可进行孤雌生殖。在一般年份,冬型雌成虫于 9 月上旬前后即开始入蛰越冬。

【防治方法】

①**人工防治**　结合冬季修剪和刮树皮,彻底剪除枯桩和干橛,刮除粗老翘皮。8 月份至 9 月初,在树干上绑草诱集越冬雌成虫,于冬季集中烧毁。春季发芽前,在主干、丰枝基部,涂胶粘剂一圈,粘着出蛰的雌成虫。

②**芽前、花后防治**　在山楂叶螨发生量大、危害严重的果园,于芽前(芽开绽前)周到细致地喷洒 5 波美度石硫合剂,或在花前或花后喷洒 50% 硫黄悬浮剂 200~400 倍液,消灭越冬虫体。

③**生长期防治**　在 7 月底以前,当每百片叶活动螨数达 400~500 头时,即需进行喷药防治。可喷施 10% 浏阳霉素 1 500~2 000 倍液,或 10% 日光霉素 3 300 倍液,或 50% 硫黄悬浮剂 200~400 倍液,或 40% 毒死蜱 1 000~2 000 倍液,或 1.8% 的齐螨素 5 000 倍液,或 20% 螨死净浓悬浮剂 3 000~4 000 倍液等均可。在实际生产中,麦前防虫很重要,因为农民忙于收麦,10~15 天的时间,红蜘蛛可能造成严重危害,所以在收麦前要打一遍防红蜘蛛的药,把其消灭在前期虫口密度小的阶段。

3. 二斑叶螨

【分布及危害】　二斑叶螨又叫白蜘蛛、普通叶螨。在华北、西北和华南等地区均有分布,尤其近几年它的危害加重。除危害桃外,还危害苹果、梨和樱桃等果树,以及刺槐、加杨和毛白杨等林木及杂草。其寄主范围远远超过山楂红蜘蛛的寄主范围。

二斑叶螨以幼螨、若螨和成螨,群集在寄主叶背取食和繁殖。叶片受害初期,在主脉两侧出现许多细小失绿斑点。随着危害程度加重,叶片严重失绿,呈现苍灰色并变硬变脆,引起落叶,严重影响树势。该螨有明显的结网习性,特别在数量多时,丝网可覆盖叶的后部,或在叶柄与枝条间拉网,叶螨在网上产卵和穿行。

【发生规律】 该虫在南方地区,每年发生 20 代以上,在北方地区为 12～15 代。在高温干旱年份,发生代数增加。以受精雌成螨在树干翘皮下、粗皮裂缝内和果树根际周围土壤缝隙和落叶、杂草下群集越冬。早春 3 月底 4 月初,开始出蛰。在北京地区,4 月上中旬为其第一代卵期。成虫产卵至第一代卵孵化盛期需 20～30 天,以后世代重叠,随着气温的升高而繁殖加快。6 月中旬至 7 月中旬为猖獗为害期。进入雨季后,虫口密度迅速下降。如果后期仍然干旱,则可再度猖獗为害。至 9 月份气温下降时,陆续向杂草上转移。10 月份,该虫陆续越冬。该虫喜群集叶背主脉附近,并吐丝结网,于网下为害。大发生时,常千余头群集叶端成一团。

【防治方法】 同山楂红蜘蛛。

4. 桃 蛀 螟

【分布及危害】 桃蛀螟,别名桃斑螟、桃蛀心螟、桃实虫、豹纹斑螟等。它在我国各地均有分布,其中长江以南地区危害桃果特别严重。危害桃、李、梨和苹果等多种果树,以及向日葵和玉米等农作物,为杂食性害虫。桃蛀螟以幼虫蛀食为害,危害桃果时,从果柄基部蛀入果核,蛀孔处常流出黄褐色透明黏胶,周围堆积有大量红褐色虫粪。

【发生规律】 该虫在我国北方地区,一年发生 2～3 代。以老熟幼虫在树皮裂缝,板栗贮选场地和向日葵花盘,玉米秸秆和穗轴内越冬。翌年 5 月下旬,羽化为成虫,交尾产卵。成虫喜在枝叶茂密的桃树果实上产卵,两果相连处产卵较多。卵散产于桃果上,一果 1～3 粒,最高可达 20 余粒。卵经约一周孵化为幼虫,幼虫从桃果肩部或胴部蛀入。一般一果 1～2 条,幼虫在果实内为害 15～20 天后老熟,于果内、果间或果与枝叶贴接处化蛹,羽化为成虫,即第一代成虫。此代成虫于 6 月下旬至 7 月上旬发生,幼虫继续在桃果上为害,受害桃果的蛀孔分泌黄褐色的透明胶液,虫粪被粘连堆垒于蛀孔外缘,严重影响桃果质量和产量。第二代成虫一部分继续在晚桃上产卵为害,大部分转移到向日葵、玉米、板栗和柿树上产卵为害。幼虫老熟后,即爬到越冬场所结茧越冬。

【防治方法】

①结合冬季修剪,彻底剪除枯桩与干橛,挖除或刮除树皮缝中的越冬幼虫,及时清理桃园周围的玉米秸秆和穗轴等物,消灭越冬虫源。

②随时摘除虫果和捡拾落果,并作加热处理后喂猪,或予以深埋。

③用频振式杀虫灯、糖醋液(糖 1 份＋酒 0.5 份＋醋 1.5 份)诱杀成虫。

④加强虫情观测,在桃园内按梅花状选取 5 个点,挂上糖醋液或性引诱剂,从 5 月中旬开始,每天早上捞出成虫,按日期为横坐标,成虫头数为纵坐标,划一曲线图。高峰出现后的 3～5 天,都是有效的防治时期。

在卵发生和幼虫孵化期,喷布 20％氰戊菊酯乳油2 000～3 000 倍液,或 50％杀螟松乳剂 1 000 倍液 1～2 次,或 10％氟氰菊酯乳油 3 000～4 000 倍液,均可收到良好的防治效果。还可以把性引诱剂下的水碗换为糖醋液,能增加诱蛾量 2～4 倍。

⑤果实套袋。在该虫产卵前,用报纸或其他廉价纸把幼果简单套上。定果后,再套专用果袋。套袋前打一次杀虫杀菌剂。

5. 黄斑椿象

【分布及危害】 黄斑椿象也叫麻皮椿象,俗称臭大姐。它的食性较杂,遍布我国各地。以成虫或若虫刺吸枝梢、茎、叶和果实的汁液为害。果实受害后,伤口及其周围果肉生长阻滞,并变硬木栓化,成为畸形,不堪食用。

【发生规律】 此虫在黄河流域一年发生 1 代,在长江以南一年发生 2 代。以成虫在枯枝落叶下、草堆、树洞、墙缝和屋檐等处越冬。在北方地区,从 5 月上旬开始出蛰,到农田和果园为害。5 月中下旬开始交尾产卵,6 月上旬达盛期。卵一般产在叶背,常为 3 排一块 12 粒卵整齐排列。6 月上中旬,若虫开始陆续出现。初孵若虫常聚集一起为害。7 月份以后,成虫陆续出现。9 月下旬,成虫开始寻找越冬场所。

【防治方法】

①彻底清除田边杂草和草堆。秋季捕杀飞入门、窗、屋檐下的越冬成虫。

②结合果园管理和虫情预报,及时摘除卵块,捕杀初孵群集若虫。

③综合防治其他害虫,喷洒 90％敌敌畏乳油 1 000 倍液,或 90％万灵可湿性粉剂 2 000 倍液,或 20％氰戊菊酯乳油 3 000 倍液,效果均好。

④果实套袋。

⑤利用天敌。椿象黑卵蜂 5～6 月份产卵于茶翅蝽、黄斑

蛹卵中。寄生率达 80% 以上。

6. 红颈天牛

【分布及危害】 桃红颈天牛,俗称赤颈天牛、水牛、铁炮虫、母花等。它在全国各地桃产区均有分布。主要危害桃、李、杏、樱桃、苹果、梨和柳等,对核果类果树尤为严重,是桃树主要害虫之一。幼虫专门危害主干或主枝基部皮下的形成层和木质部浅层部分,同一部位可有多个幼虫为害。在为害部位的蛀孔外有大堆虫粪。当树干形成层被钻蛀对环后,整株桃树会死亡。

【发生规律】 此虫在我国北方地区 2~3 年发生一代,以幼虫在树的枝干皮层下或木质部蛀道内越冬。老熟幼虫粘结木屑、粪便于蛀道内做茧化蛹。成虫于 6~7 月间出现,午间多静息在枝干上。交尾后的雌成虫于桃树主枝基部及主干树皮裂缝处产卵。初孵出的幼虫即在皮层下蛀食为害,蛀食虫道错杂不正,当年即在其蛀道越冬。次年幼虫长到 30 毫米左右时,蛀入木质部为害,深达枝干中心,虫道不规则。幼虫噬咬一个排粪孔,粪便为红褐色锯屑状,粪孔外常有粘胶物。

【防治方法】

①**捕杀成虫** 6 月份,在成虫集中出现期,特别是雨后晴天的中午前后,在烂果、主干与主枝附近捕捉成虫。

②**杀灭幼虫** 发现新鲜虫粪时,即将树干蛀道内幼虫挖出,用 40% 敌敌畏 100 倍液,每孔注入 1 毫升,或用棉球蘸敌敌畏原液少许,塞入粪孔,然后用黄泥封严。此方法简便,杀灭幼虫效果好。

③**树干涂白** 5 月底,即成虫发生前,以生石灰 10 份,硫黄粉 1 份,水 40 份,加食盐少许,制成涂剂,将主干、主枝涂白。这既可防止成虫产卵,又可防病治病。

7. 介 壳 虫

(1)桃球坚蚧

【分布及危害】 桃球坚蚧,又叫朝鲜球坚介壳虫、球形介壳虫、树虱子。在我国南、北方地区均有分布。主要危害桃、杏、李、梅等,是桃、杏树上普遍发生的害虫。雌虫在枝条上吸取寄主汁液,密度大时,可见枝条上介壳累累,树势和产量受到严重影响。危害严重时,常造成枝干枯死。

【发生规律】 每年发生 1 代,以 2 龄若虫在危害枝条原固着处越冬。越冬若虫多包于白色蜡堆里。第二年 3 月上中旬,越冬若虫开始活动为害。4 月上旬,虫体开始膨大,4 月中旬雌雄性分化。雌虫体迅速膨大,雄虫体外覆一层蜡质,并在蜡壳内化蛹。4 月下旬至 5 月上旬,雄虫羽化,与雌虫交尾。5 月上中旬,雌虫产卵于母壳下面。5 月中旬至 6 月初,卵孵化,若虫自母壳内爬出,多寄生于 2 年生枝条上。固着后不久的若虫,便自虫体背面分泌出白色卷发状的蜡丝覆盖虫体。6 月中旬后,蜡丝经高温作用而熔成蜡堆,将若虫包埋。至 9 月份,若虫体背形成一层乳白色蜡壳,进入越冬状态。

桃球坚蚧的重要天敌是黑缘红瓢虫,桃球坚介壳虫雌成虫被取食后,体背一侧具有圆孔,只剩空壳。

【防治方法】 桃球坚蚧身披蜡质,并有坚硬的介壳,必须抓住两个关键时期,即越冬若虫活动期和卵孵化盛期喷药,才能收到较好的防治效果。

①铲除越冬若虫 早春芽萌动期,用 5 波美度石硫合剂均匀喷布枝干,或用 95% 机油乳剂 50～100 倍液,混加 5% 高效氯氰菊酯乳油 1 500 倍液,喷布枝干,均能取得良好防治效果。

②孵化盛期喷药 6 月上旬,观察到卵进入孵化盛期时,在若蚧移动期,全树喷布扑虱灵 25% 可湿性粉剂 1 500～

2 000 倍液,或 5%高效氯氰菊酯乳油 2 000 倍液。

③**人工防治和利用天敌**　在群体量不大或已错过防治适期,且受害又特别严重的情况下,于春季雌成虫产卵以前,采用人工刮除的方法进行防治。如用竹片或钢丝刷,刷去虫体,或用 20%碱水(酸性土壤地区),洗刷枝干。在寒冷的冬季,向枝干上喷水,待其结冰后用木棍将冻冰连同若虫敲掉,消灭越冬若虫,并注意保护利用黑缘瓢虫等天敌。

(2)桑白蚧

【分布及危害】　桑白蚧,又称桑盾蚧、桃白蚧。分布遍及全国,是危害最普遍的一种介壳虫。除危害桃外,还危害樱桃、山桃、李、杏、梨、核桃、桑和国槐等果树林木。

桑白蚧以若虫和成虫固着刺吸寄主汁液。其虫量特别大,有的完全覆盖住树皮,甚至相互叠压在一起,形成凸凹不平的灰白色蜡质物,排泄的黏液污染树体成油渍状。受害重的枝条发育不良,甚至整株枯死,枝条受害以 2～3 年生最为严重。

【发生规律】　该虫在我国北方地区一年发生两代,以第二代受精雌成虫于枝条上越冬。翌年 5 月初,越冬雌成虫产卵于母壳下。5 月下旬至 6 月初,孵化出第一代若虫。若虫多群集于 2～3 年生枝条上,吸食树液并分泌蜡粉,严重时可致枝条干缩枯死。7 月份,第一代成虫开始产卵,每头雌虫平均可产卵 40～400 粒。8 月份,孵化出第二代若虫,9～10 月份出现第二代成虫。雌雄交尾后,受精雌成虫于树干上越冬。

【防治方法】

①冬季或早春,结合果树修剪,剪除越冬虫口密集的枝条,或刮除枝条上的越冬虫体。

②春季发芽前,喷洒 5 波美度石硫合剂或机油乳剂。

③若虫分散期,及时喷洒 0.3 波美度石硫合剂,或扑虱灵 25％可湿性粉剂 1 500～2 000 倍液,或 48％乐斯本乳油 2 000 倍液,或 5％高效氯氰菊酯乳油 2 000 倍液。

④保护天敌红点唇瓢虫,用以抑制介壳虫的发生及危害。

⑤人工防治同桃球坚介壳虫。

8. 潜叶蛾

【**分布及危害**】 桃潜叶蛾,属鳞翅目,潜叶蛾科。常发生于桃、杏、李、樱桃、苹果和梨等核果及仁果类果树的叶片上。幼虫在叶片内串食,使叶片上呈现出弯弯曲曲的白或黄白色虫道。主要分布于我国山东、河北、辽宁、河南和陕西等地果区。近几年危害严重。

【**发生规律**】 该虫一年发生 4～5 代,以茧蛹在被害落叶上越冬。翌年 4 月份桃展叶后,成虫羽化,昼伏夜出,活动产卵于叶片表皮内。幼虫孵化后即潜食为害,将叶肉组织串食成弯弯曲曲的隧道。幼虫老熟后,在叶内吐丝结茧化蛹。5 月上中旬第一代成虫发生。此虫发生一代需 30 天左右。8～10 月份危害最重。

【**防治方法**】

①落叶后,结合冬季清园,彻底扫除落叶,予以集中深埋或烧毁,消灭越冬虫蛹。

②在成虫发生期,喷洒 25％灭幼脲三号悬乳剂 1 500 倍液,或 20％杀灭菊酯 2 000 倍液,或 2.5％溴氰菊酯 3 000 倍液,或 20％甲氰菊酯乳油 4 000 倍液,或 50％杀螟松乳剂 1 000 倍液等,均可收到较好防治效果。

9. 小绿叶蝉

【**分布及危害**】 小绿叶蝉,又名一点叶蝉、桃浮尘子。分布于河南、河北、山东、陕西、江苏、湖北和湖南等地。危害桃、樱桃、海棠和苹果等。

成虫和若虫群集于叶片,吸食汁液。被害处出现白色斑点,严重时,白点相连,叶片呈苍白色,使桃叶提早脱落,引起部分花芽当年秋季开放(二次花),降低翌年结果。

【发生规律】 该虫一年发生 4～6 代,以成虫在落叶内或桃园附近的常绿树叶丛中或杂草中越冬。翌年 3～4 月间,桃树萌芽时,开始从越冬场所迁飞到桃树嫩叶上刺吸为害。被害叶片上,最初出现黄白色小点,严重时斑点相连,整片叶变成苍白色,使桃叶在秋季提早脱落。成虫产卵于叶背主脉内,以近基部为多,少数在叶柄内。雌虫一生产卵 46～165 粒。若虫孵化出来后,喜群集于叶背吸食为害,受惊时很快横行爬动。第一代成虫发生于 6 月初,第二代发生于 7 月上旬,第三代发生于 8 月中旬,第四代发生于 9 月上旬。第四代成虫于 10 月间,在绿色草丛间、越冬作物上、或在松柏等常绿树丛中越冬。

【防治方法】

①加强果园管理 在秋、冬季节,彻底清除落叶,铲除杂草,予以集中烧毁,以消灭越冬成虫。

②做好夏季修剪 树冠枝叶密集,该虫危害严重。所以,应适当疏枝,改善通风透光条件。

③喷洒农药 桃树发芽后,成虫向桃树上迁飞时,以及各代若虫孵化盛期,喷洒 5％高效氯氰菊酯乳油 2 000～3 000 倍液,或 48％乐斯本乳油 2 000 倍液,或 50％马拉松乳剂 2 000 倍液,或 50％杀螟松乳剂 1 000 倍液,或 10％吡虫啉 3 000～4 000 倍液,防治效果均好。

10.金龟子

(1)苹毛金龟子

【分布及危害】 该虫又叫长毛金龟子。我国南、北桃区均有分布。除危害桃外,还危害苹果、梨、李、杏和樱桃等。幼虫常取食植物幼根,但危害不明显。成虫取食花器。

【发生规律】 该虫每年发生1代,以成虫在土中越冬。翌年3月下旬,开始出土活动,主要危害花蕾。苹毛金龟子在啃食花器时,有群集特性,多个聚于一个果枝上为害,有时一个果枝上多达10多个。据观察,苹毛金龟子多在树冠外围的果枝上为害。4月上中旬危害最重。产卵盛期为4月下旬至5月上旬,卵期20天。幼虫发生盛期为5月底至6月初,化蛹盛期为8月中下旬,羽化盛期为9月中旬。羽化后的成虫不出土,即在土中越冬。成虫具假死性,无趋光性。当平均气温达20℃以上时,成虫在树上过夜,温度较低时潜入土中过夜。

【防治方法】 此虫虫源来自多方,特别是荒地虫量最多,故果园中应以消灭成虫为主。

①在成虫发生期,于早晨或傍晚人工敲击树干,使成虫振落在地上。此时由于温度较低,成虫不易飞动,可集中消灭。成虫有趋光性,可安装频振式杀虫灯诱杀。一般0.67公顷(10亩)地安设1盏。

②地面施药,控制潜土成虫。常用药剂为5%辛硫磷颗粒剂,每公顷撒施45千克,或树冠下喷40%乐斯本乳油300～500倍液。

③在桃园四周种植蓖麻,对金龟子有驱避作用。将捕捉的成虫捣烂浸泡水中,用其浸泡液喷洒树体,有驱避作用。

(2)白星花金龟

【分布及危害】 白星花金龟,又叫白星花潜、白纹铜花金龟。在南、北方桃区均有分布。除危害桃外,还危害苹果、梨、李、樱桃和葡萄等。它主要以成虫啃食成熟或过熟的桃果实,尤其喜食风味甜的果实。幼虫为腐食性,一般不危害植物。

【发生规律】 该虫每年发生 1 代,以幼虫(蛴螬)在土中或粪堆内越冬。5 月上旬出现成虫,发生盛期为 6～7 月份,9月份为末期。成虫具假死性和趋化性,飞行力强。多产卵于粪堆、腐草堆和鸡粪中。幼虫以腐草、粪肥为食,一般不危害植物根部。在地表,幼虫腹面朝上,以背面贴地蠕动而行。

【防治方法】

①结合秸秆沤肥翻粪和清除鸡粪,捡拾幼虫和蛹。

②利用成虫的假死性和趋化性,于清晨或傍晚,在树下铺塑料布,摇动树体,使成虫掉落地上,予以捕杀。也可挂糖醋液瓶或烂果瓶,诱集成虫,于午后收集,将其杀死。当其成虫群聚在成熟的果实上为害时,可人工捕杀。

③药剂防治。因其危害期正值果实成熟期,不能用药,所以一般不单独施用药剂防治,在防治食叶和一些食果害虫时,可收兼治之效。在成虫发生期,可用残效期短的 80％敌敌畏乳油 1 000 倍液喷雾防治。

(3)黑绒金龟

【分布及危害】 黑绒金龟,又叫东方金龟子、天鹅绒金龟。全国各桃区均有分布,为杂食性害虫。它除危害桃外,还危害苹果、梨、杏和山楂等果树。成虫食嫩叶、芽及花,幼虫危害根系。

【发生规律】 每年发生 1 代,主要以成虫在土中越冬。翌年 4 月份成虫出土,4 月下旬至 6 月中旬进入盛发期。5～7 月份交配产卵。幼虫为害至 8 月中旬,9 月下旬老熟化蛹,成虫羽化后不出土即越冬。成虫在春末夏初温度高时,多于傍晚活动。16 时后开始出土,傍晚危害桃树叶片及嫩芽,出土早者危害花蕾和正在开放的花。

【防治方法】

①对刚定植的幼树,应进行塑料网套袋,直到成虫为害期过后及时去袋。若用塑料袋,则容易烧芽,故必须扎很多小孔,以利于透气。

②地面施药,控制潜土成虫。常用药剂有 5% 辛硫磷颗粒剂,每公顷撒施 45 千克,使用后及时浅耙,以防光解,或在树冠下喷 40% 乐斯本乳油 300~500 倍液。

11. 梨小食心虫

【分布及危害】 梨小食心虫,简称梨小,又名东方蛀果蛾,俗称桃折心虫、水眼、疤痢眼和黑膏药等。在国内普遍分布。

幼虫所蛀害寄主的部位,随寄主的不同生长期而异。春、夏季发生的幼虫,主要蛀害桃树的当年新梢。桃梢受害后梢端中空,因此生长点以下的数张叶片变黄下垂而枯萎。以后,受害处则纵裂流胶,影响枝条的生长发育。夏、秋季发生的幼虫,主要蛀害梨、山楂和桃的果实。受害桃果常常由蛀果处流胶,感染病菌,引起果腐。

【发生规律】 该虫每年的发生代数因地域而异。甘肃等较寒冷地区,一般一年发生 3~4 代;苏、皖、豫及黄河故道地区,一年发生 4~5 代。据记载,南方地区一年发生 6~7 代。均以老熟幼虫在树皮裂缝中、树冠下的表土内等处结茧越冬。

在一年 4~5 代发生区,越冬幼虫一般在 3 月份即开始化蛹,4 月上旬成虫羽化;第二代成虫则在 6 月中旬至下旬发生。7 月下旬至 8 月上旬,发生第三代成虫。第四代成虫在 8 月下旬至 9 月上旬发生;9 月中旬开始发生第五代成虫。

成虫羽化后,白天静伏寄主叶背和杂草上,傍晚前后交尾,晚间产卵,产卵量为每雌数十粒至 100 余粒不等,卵多散产于光洁处,在桃树上则多产在新梢中上部的叶背面。成虫对糖醋液、果汁(烂果)和黑光灯趋性很强。

幼虫发育因气温和食物质量不同而差异显著。由于发生期不整齐,7月份以后发生世代重叠现象,即卵、幼虫、蛹和成虫可在同期内看到。

第一、二代幼虫,主要危害桃、杏、李和苹果的嫩梢。第三代以后的各代幼虫,主要危害桃、苹果、梨果实。幼虫孵化后,经数十分钟至一两个小时,即蛀入嫩梢或果实,在桃梢上多从叶柄基部蛀入。三天以后,被害梢萎蔫、枯黄而死,被害梢常有胶液流出。一头幼虫可连续危害2～3个嫩梢,也能危害桃果。

梨小的发生与温度、湿度关系密切。雨水多,降水时间长,大气湿度高的年份,发生重;干旱年份则轻。春季成虫羽化后,若温度在15℃以下时,成虫很少产卵或推迟产卵。

【防治方法】

①人工防治　冬、春季刮除老粗皮和翘皮,彻底挖除越冬幼虫。夏季,及时剪除被害梢并烧毁。

②诱捕成虫　在成虫发生期,以红糖1份、醋4份、水16份的比例,配制糖醋液放入园中,每间隔30米左右一碗或一盆。也可用梨小性引诱剂诱杀成虫,每50米置诱芯水碗一个。也可用频振灯杀灭该虫。

③药剂防治　　勤检查,加强虫情测报。当卵果率达0.5%～1%时,即喷药防治。用20%杀灭菊酯乳剂3 000倍液,或2.5%溴氰菊酯乳剂3 000倍液,2.5%功夫乳油3 000倍液,50%杀螟松乳剂3 000倍液,30%桃小灵2 000倍液等,每10～15天喷一次,连喷2～3次,都有较好效果。

④保护利用天敌　在有条件的地方,于虫卵发生期释放赤眼蜂防治,4～5天放蜂一次,连放3～4次。

⑤**不要混栽**　要尽量避免桃、梨(或其他仁果类果树)混栽。

12. 桃仁蜂

【**分布及危害**】　桃仁蜂,又叫太谷桃仁蜂。分布于山西、河南和辽宁等地。危害毛桃和山桃。幼虫蛀食正在发育的桃仁,使被害果逐渐干缩成黑灰色僵果,大部分早期脱落。

【**发生规律**】　该虫每年发生1代,以老熟幼虫在被害果仁内越冬。翌年4月间,开始化蛹,5月中旬成虫羽化。成虫产卵时将产卵管插入桃仁内,产卵1粒,多产在桃果胴部。幼虫孵化后,在桃仁内取食。7月中下旬,桃仁近成熟时,多被食尽,仅残留部分仁皮。被害果逐渐干缩脱落,成为灰黑色僵果,少数残留枝上不掉。

栽培管理较细致,且药剂防治其他害虫较好的桃园,受害较轻。反之,发生较重,特别是零星桃树受害较重。栽培品种较轻,毛桃较重。

【**防治方法**】

①**人工防治**　秋季至春季桃树萌芽前后,彻底清理桃园。认真清除地面和树上的被害果,集中深埋或烧毁,这是行之有效的措施。

②**地面用药**　成虫羽化出土期,用5%辛硫磷颗粒剂,每公顷撒施45千克,使用后及时浅耙,以防光解。或在树冠下喷40%乐斯本乳油300~500倍液。

③**化学防治**　结合其他虫害防治,于成虫发生期,喷布20%氰戊菊酯乳油2 000~3 000倍液,或2.5%溴氰菊酯乳油3 000倍液。

13. 黑星麦蛾

【**分布及危害**】　黑星麦蛾,又叫苹果黑星卷叶麦蛾。分布于华北、东北、华东、西北等地。危害桃、李、杏、梨、苹果和樱桃等多种果树。果园管理粗放,以及桃、李、杏、苹果树等混栽的果园,发生较多,危害也重。初孵出的幼虫多潜伏在尚未展开的嫩叶上为害。幼虫稍大,即吐丝卷叶为害,常数十头幼虫在一起将枝条顶端的几张叶片卷曲成团,藏在其中取食为害。常把叶片的表皮及叶肉吃光,残留下表皮,并将粪便黏附其上,枝叶枯黄干缩,影响新梢生长。

【发生规律】 该虫每年发生3～4代,以蛹在杂草及落叶等处越冬。翌年5月份,虫蛹羽化为成虫。成虫产卵于新梢顶端叶丛的叶柄基部,单粒或数粒成堆。4～5月间,幼虫开始发生,潜伏于未展叶的叶丛中,啃食叶肉。稍大时取食叶肉,残留叶表皮,并将粪便粘缀在一起成团,潜于其中取食叶肉,残留叶表皮,并将粪便粘附在卷叶团上。幼虫性极活泼,受震动后即吐丝下垂,悬于空中。老熟幼虫在卷叶团内化蛹,经10余天后羽化为第一代成虫。7月下旬,第二代成虫开始发生,并交配产卵。幼虫为害至9～10月间,随落叶在地面或杂草丛中化蛹越冬。

【防治方法】

①**加强果园管理** 秋、冬季节,彻底清除落叶、杂草,消灭越冬蛹。

②**剪虫梢** 发现有卷叶团,应及时摘除。对黑星麦蛾幼虫较多的枝梢,要及时剪除,予以集中销毁。

③**喷洒农药** 5月上中旬,幼虫危害初期,喷洒50%杀螟松乳剂1 000倍液,或5%高效氯氰菊酯乳油2 000倍液,或2.5%溴氰菊酯乳油3 000倍液。

第八章　采后处理与保鲜贮藏

桃属于果实相对不耐贮运的树种。因为果实成熟期正值高温季节,果实柔软多汁,果核大,采后后熟过程进行很快,低温下易褐变,高温下易腐烂,而在常温下又不宜贮藏。因此,对桃果一般多进行避开市场旺季、远距离运输和延长货架期、延长加工季节的短期贮藏。适当的包装与贮藏,可以增值,但有些果农对采后处理很不重视,妨碍桃种植效益的提高。

一、认识误区和存在问题

一是认为桃不耐放,随采随卖,分级没必要。采下的桃不分大小、颜色的不同,胡乱地装在一起,卖相很差。其实,还是这些桃子,把大小、形状、颜色与成熟度相近的桃子,整整齐齐地摆好,会吸引消费者,增加收入。

二是包装简单,甚至有些果农或销售商投机心理作怪,专门去选择一些能暂时获取利益的包装,去蒙骗消费者。而对于这种现象,则应该加强市场监管,采取引导、教育、帮助与打击相结合的办法,让水果包装逐步走上科学化、规范化和法制化的轨道。不正确的包装,有以下三种类型:

第一,省事型。包装时不进行分类,大小好坏一块装,而且所选用的包装,无论是纸箱还是竹篓,都没有任何标志。这种包装一般只是包装一些大路货,即使进入市场,也只能在地摊上任人挑选,无法进入商场超市,更卖不了好价钱。

第二,冒牌型。实际产地与外包装上的品牌不相符,即用名牌包装箱,装其他产地的桃子,蒙骗消费者。这种做法使自己永远成不了名牌,只会让中间商获利,而且容易使附近果农在获取短期效益后,产生一种投机依附心理,与发展名牌战略极不相称。

第三,表里不一型。外表看个头均匀,色泽鲜艳,但只要一打开包装,里面则是参差不齐,要了一些小聪明。这种投机取巧的做法,实质上破坏了市场诚信的原则,不利于果农去开发市场。

三是采后不预冷,直接装车远运,造成大量烂果。桃采后应该及时预冷。因为桃采收时气温较高,桃果带有很高的田间热,加上刚采收的桃呼吸旺盛,释放的呼吸热多,如不及时预冷,桃会很快软化衰老,腐烂变质。因此,采后要尽快将桃预冷到 0℃～4℃。桃的预冷方法,有冷风冷却和水冷却两种。水冷却速度快,直径为 7.6 厘米的桃,在 1.6℃水中 30 分钟,可将其温度从 32℃降到 4℃;直径 5.1 厘米的桃,在 1.6℃水中 15 分钟,可冷却到同样的温度。但用水冷却的桃子,要晾干后再包装。风冷却速度较慢,一般需要 8～12 小时或更长的时间。

四是贮藏温度越低,保存时间越长,结果出现冷害。桃果对温度敏感,冰点温度－1.5℃,在低温贮藏中易遭受冻害。在 3℃～7℃时易遭受冷害。一般桃的贮藏适宜温度为 0℃～1℃。

二、正确的采后处理与贮藏技术

(一)果实分级

分级的目的是使商品规范化,便于包装、运输和销售。将过熟、有病虫伤、碰压伤的果实剔出,可以减少霉烂损耗。

分级时,工作人员每检查一个果子,在拿起果实之前,先看清它暴露在表面的一面,然后用手轻轻捡起翻过来看另一面,这样可以减少果实翻动次数。切忌把果实拿在手里来回翻滚。检查中,先剔除等外果,如病虫果、压伤果、刺伤果、畸形果和未熟的小青果。成熟度过高的果,要单独摆放,另作处理。将合格果按大小分级。分级标准参考中国农业科学院郑州果树研究所制定的鲜桃标准(表 8-1)。

表 8-1　鲜桃重量等级标准　(单位:克)

果实重量	等级代码
>350	AAAA
>270~350	AAA
>220~270	AA
>180~220	A
>150~180	B
>130~150	C
>110~130	D
>90~110	E

(二)贮藏保鲜和包装

桃果呼吸强度大,有呼吸高峰,属于呼吸跃变型果实。桃果的贮藏保鲜和包装,要根据桃的这一特点来进行。

1. 桃采后生理及贮藏特性

桃果采收后,其组织中的果胶酶和淀粉酶活性很强。这是桃采后在常温下,很容易变软、败坏的主要原因。桃采后呼吸强度迅速提高,比苹果强1～2倍,在常温条件下1～2天变软。低温及低氧或高二氧化碳的条件,可抑制这些酶的活性。因此,采后的桃果应立即降温,进入气调状态,以保持其硬度和品质。

桃果对温度的反应,比其他果实都敏感。采后的桃,在低温条件下,呼吸强度被强烈地抑制,但易发生冷害。桃的冰点温度为－1.5℃,长期在0℃下易发生冷害。冷害发生的早晚和程度与温度有关。据研究表明,桃在7℃下有时会发生冷害,3℃～4℃时是冷害发生的高峰,近0℃时反而小。受冷害的果实细胞壁加厚,果实糠化,风味淡,果肉硬化、果肉或维管束褐变,有的品种受冷害后发苦,或产生异味。但不同的品种其冷害症状不同。桃果对二氧化碳很敏感,当二氧化碳浓度高于5%时就会发生二氧化碳伤害。二氧化碳伤害的症状为果皮褐斑、溃烂,果肉及维管束褐变,果实汁液少,生硬,风味异常。因此,在贮藏过程中要注意保持适宜的气体指标。

2. 贮藏环境

(1)贮藏条件 桃果的适宜贮藏温度为0℃～1℃,但长期在0℃下易发生冷害。目前,控制冷害的方法,一种是间隙加温,如将桃先放在－0.5℃～0℃下贮藏15天后,升温到18℃,贮存2天后,再转入低温贮藏,如此反复。另一种是用两种温度处理采后的果实,即先在0℃下贮藏2周,再在5℃下贮藏。美国为了防止冷害,在0℃、氧气1%、二氧化碳5%的条件下,作气调贮藏。在气调贮藏期间,每隔3周或6周对气调桃进行一次升温,升温幅度为5℃。然后恢复到0℃,在0℃下贮藏9周出库,并在18℃～20℃下放置熟化后出售。这种方法比一般冷藏寿命延长2～3倍。

(2)贮藏环境湿度 桃贮藏时,相对湿度应控制在90%～

95％范围之内。湿度过大易引起腐烂,加重冷害的症状;湿度过小,易引起过度失水和失重,影响商品性,从而造成不应有的经济损失。

(3)气体成分 在氧气含量为1％、二氧化碳含量为5％的气调条件下,可使桃的贮藏期加倍(温度、湿度等其他条件相同情况下)。

3.贮藏的农业措施

(1)耐贮藏品种选择 晚熟品种的耐贮性要好于早熟品种,硬溶质品种的耐贮性要好于软溶质品种。双喜红、早红2号、丽格兰特、白凤、大久保和肥城桃等品种的贮运性较好。

(2)采前农业技术措施 采前的农业技术措施,对桃贮藏性影响很大。桃在贮藏过程中,易感染微生物而发生大量腐烂,这是桃难以长期贮藏的主要原因之一。造成桃果腐烂的主要有褐腐病和软腐病。在田间,病菌通过虫伤、皮孔等侵入果实,在贮运条件适宜时,即大量生长繁殖,并感染附近的果实,造成大量腐烂。因此,在果实生长期间,加强病虫害防治,可以减少贮藏中腐烂的发生。具体的做法是,在发芽前喷5波美度石硫合剂,落花后半个月至6月间,每隔半个月喷一次65％的代森锌可湿性粉剂500倍液,或0.3波美度的石硫合剂,均可防止这两种病的发生。施肥要注意氮、磷、钾合理搭配。氮肥过多,果实品质差,贮运性降低。多施有机肥的果园,果实的贮运性好。采收前7～10天,要停止灌水。用于贮运的果实采前不能喷乙烯利。

4.采后处理

(1)挑选 剔除病虫果和机械损伤果。受伤产品极易感染病菌,并发生腐烂。同时,又会从感病产品上散发大量病菌,传染周围健康的桃果。因此,必须通过挑选来将其去除。

挑选一般采用人工方法。量少时,可用转换包装的方式进行。量多而且处理时间要求短时,可用专用传送带进行人工挑选。操作人员必须戴手套。挑选过程要轻拿轻放,以免造成新的机械伤。一般挑选过程常常与分级、包装等过程相结合,以节省人力,降低成本。

(2)预冷 预冷的主要目的,是迅速降低果实温度,降低呼吸强度,减少消耗。预冷使果品温度能够尽早地达到贮运最适温度,以利于及早地运用塑料薄膜包装贮藏,而不结露。如果果品温度高,而库温低,差额在 3℃以上时,易结露。结露对果品产生不良影响,容易腐烂。贮藏用桃的预冷温度,以在 0℃为宜;不能过低,以免引起冷害。下面介绍几种预冷方法:

①**水冷法** 又叫冰水冷却法。这是由于冰水冷却果品时,常加碎冰或用制冰机使水冷却。

简易水冷却法,是将桃浸渍在冷水中。如果冷水是静止的,其冷却效果低。一般采取流水、漂荡、喷淋或浸喷相结合的办法进行冷却,效果较好,能使果温降至 7℃。水冷时,可用 0℃水预冷,在水中可以加入一定浓度的真菌杀菌剂,果实冷却至 0℃沥去水分。

②**冰冷法** 将冰直接与果实接触,使果品降温。每千克冰融化时,可从果品内夺走 334.72 千焦的热量,而且冰对热的传导率比水及空气都大。因此,利用碎冰块使果品与冰的接触面积增大,从而提高冰冷却的速度。

③**风冷法** 采用机械制冷风机的循环冷空气,借助于热传导与蒸发潜热来冷却果品。风冷时,果品与冷风的接触面积愈大,冷却速度愈快;风速越大,降温速度越快。

桃的预冷温度以在 0℃为宜,不能过低,以免引起冷害。

(3)防腐保鲜处理 桃在贮藏过程中易腐烂,低温和气调贮藏可抑制该病害的发生。若采取低温和气调,外加防腐保鲜剂处理,则贮藏效果更佳。

5.贮藏方法

桃采后在常温下易发软、腐烂,所以要进行低温贮藏。目前的贮藏方法,有冰窖、冷库及气调贮藏和减压贮藏。

(1)冰窖贮藏 桃采摘预冷后,马上入冰窖中贮藏。桃应用筐或木箱装,在存放时一层筐一层木箱。保持冰窖中的温度在$-0.5℃\sim1℃$,贮至立冬后转入普通窖贮藏,可以贮藏$2\sim3$个月。

(2)减压贮藏 减压贮藏,可以抑制果实呼吸代谢,抑制乙烯生物合成,减少生理病害发生,明显延长桃果实贮藏寿命。国外资料报道,桃、杏和樱桃在 13.599 千帕气压、0℃温度下贮藏,贮藏期分别为 93 天、90 天和 93 天。

6.贮藏的技术要点

①采果前,要对库房进行消毒。消毒剂以 CT-高效库房消毒剂为佳。

②选择耐藏性好的晚熟桃品种进行贮藏。

③果实应在近 8 成熟时采收。过早则风味较淡,过晚则易软化腐烂。

④采收时要选择晴天、无露水的早上或下午采收。

⑤桃果采后应立即预冷,消除田间热,并挑去病虫和机械伤果后,进行包装贮藏。

⑥预冷完全后,每 5 千克加入生理调节剂 2 包、气体调节剂 2 包,CT 1 包。

⑦贮藏过程中,应保持库温在 0℃～1℃,相对湿度为90%～95%,二氧化碳气体含量要小于 5%。

7. 包 装

包装,对于新鲜的果品是非常重要的。它不仅可以使果品在处理、运输、贮藏和销售过程中,便于装卸和周转,减少相互摩擦、碰撞和挤压等造成的损失,而且还能减少果品的水分蒸发,保持果品的新鲜,提高贮藏能力。

(1)内包装 内包装,实际上是为了尽量避免果品受震或碰撞损伤,保持果品周围的温度、湿度等气体成分小环境的一种辅助包装。通常内包装为补垫、铺垫和浅盘等各种塑料包装膜、包装纸及塑料盒等。

聚乙烯(PE)塑料膜,可以保持湿度,防止水分损失,又能最大限度地符合及满足桃贮藏所需求的气体成分(O_2 和 CO_2 的比例),是最适的内包装。但由于其厚度不同,气体的通透交换量均有差异,故在选用时应加以注意。

(2)外包装 桃肉质软,不耐压,不耐放,所以要采用小包装。商标应印刷精美,集营养、保健、吉利、长寿等图案之大成,借以吸引消费者。还要增加文化情趣,用竹、苇、黍秆和麦草等编制成各种造型的工艺品,使桃价倍增。在用塑料薄膜盒压封和小纸箱包装时,要有通风孔。直接在集市上销售时,可用简易纸箱包装,但不宜太大,所装果实不要超过三层。

8. 运 输

桃采收后,从桃园到包装场、贮藏库的运输,要求少颠簸,不碰撞,不挤压。其销售运输,包括空运、陆运和水运。空运速度快,但成本高,一般在利润较高的时候采用。如成都把桃空运到西藏,大连把温室桃空运到广州。水运,近几年主要是用于出口运输。通常是用冷藏柜(箱)船运。陆运有公路运输和铁路运输,目前主要是公路运输。特别是我国高速公路的飞跃发展,使公路运输成为主要的运输方式。远途运输常用制冷车,如集装箱平板车、平板拖卡车。也有用一般非制冷车运输的。这样运输时,要特别注意桃果的预冷(采后果箱入库、整车入库)和保温(如棉被、棉被加保温板),车厢内要留通风道,并注意防雨等。

第九章　果品营销及效益分析

桃的规模种植户和营销企业,在自己发展战略、发展模式、经营理念的前提下,要树立品牌,经营品牌,进行绿色生产和绿色营销,把握市场,以客为本,诚信营销,同时,要宣传果品,引导消费,进行有关果品的知识营销和文化营销,以取得良好的经济效益。

一、果品营销

(一)果品销售的主要途径

随着果品市场的运作和扩大,尤其是加入世贸组织(WTO)后,果品流通全球化,所以销售途径因种植规模、交通条件、商品信息及产品优势、区位优势、季节差异等不同而各异。

1. 订单销售

随着市场经济的发展,各地交通也越来越好,全国高速公路网络已基本形成,果品的流通范围也逐渐扩大,经济发达地区和因为气候不适宜种植桃的地区,成为桃果运销的主要市场。经营商为了抓住市场机遇,提高果实质量,在优质产区与果农预先签订购销合同。这就要求购销双方都要严守合同,购方按时按量按价收购,销方按时按质按量提供,不得降低标准,不得掺杂使假。或者采用公司＋协会＋农户的方式进行订单生产与销售。

2. 超市销售

随着我国人民生活水平、文化素质不断提高和高度开放，果品市场将出现新的时代特点——营养、保健、无公害、卫生与安全的食品将成为消费热点。对果品质量有了更高的要求，除了风味品质、外观品质外，营养品质、环境品质更受到重视，放心果备受青睐。特别是用做礼品时更追求其果实大小、颜色、风味和外包装，对价格并非很挑剔。所以，在超市销售的果实要求有一定的货架期、响亮的品牌、可口的风味、放心的品质和美丽的包装。

3. 会展销售

利用各种展销会、洽谈会和博览会，宣传果品，销售果品。

4. 网络销售

通过互联网即时交流，可以打破地域限制，进行远程信息传播，面广量大，其营销内容图文并茂，可以全方位地展示果品的形象，提高知名度，为潜在购买者提供了许多方便。

5. 批发市场

按我国目前的生产格局，产地销售多由果农或农户组织在当地批发市场销售。异地销售多由经销商通过贩运，在大城市批发市场销售。

果品要求严格分级，箱内上下一致，摆放整齐，勿伤，勿烂，包装箱印有真实产地、等级和重量。商标品牌要清晰可见，特别是异地销售，要注明产地，打出品牌。

6. 零售市场

我国现阶段仍为分散经营，一家一户几亩田的较多，农户直接在自由市场上交易。其零售市场价格波动较大，一天中早晚价格差异很大。要抓住消费者的心理，将优质大果放在早上高价销售，次级果放在晚些时候低价出售。

7. 国际市场

桃果属生产密集型产品,按价格比较优势,我国的桃果在国际市场上有竞争力。但是,应该在品种的耐贮运性、采后的商品处理上下功夫,采后的清洗、杀菌、分级和包装,也是提高果实商品质量,增加市场竞争力的重要手段。在果品生产时,要强化生产与贸易一体化,提高果农的组织化程度,发展农民购销组织和果农协会,改变分散经营、小生产的格局,生产出高标准、高质量的桃果。必须明白,有质才有价,有质才有竞争力。

我国桃果产量已居世界第一位,但出口很少。目前,从市场需求和交通运输等方面看,有以下几个市场可以考虑。

(1)亚洲市场 新加坡、马来西亚和印度尼西亚,与我国在水果消费习惯上有相同之处,有比较好的市场。目前,我国已有几家大的公司向该地区出口,效果很好。今后要提高果品质量,掌握季节变化。

越南、缅甸和泰国,为云南桃的出口提供了良机。

沙特、科威特和阿联酋等中东国家,人口多,很富有,对高质量果品有一定的需求。大众市场对中高档果品有需求。

日本和韩国为罐头、桃片等加工品提供了市场。

我国香港、澳门和台湾地区,果品消费量大。目前美国果品占主要份额,大陆果农必须提高果品质量,生产出名特优的桃果,特别是具有华人传统的优质桃果。随着三通的深入,桃果可望进入台湾市场。

(2)俄罗斯市场 俄罗斯及前苏联的几个成员国家,气候寒冷,所需桃果主要靠进口。这给我国东北、西北部桃产区提供了较大的市场。有的果农还直接在这些国家较温和地区进行保护地桃生产,效益很高。

189

(3) 澳洲、美洲市场　澳大利亚和美国等国,对中国的糖水罐头、桃脯等小食品感兴趣。

8. 特殊市场

(1) 送货上门

一是销售公司通过电话、信息网络,把果品直接送到客户家中,如某某做寿,把盆栽寿桃送到某某家中;春节期间,把盆栽花或插花送到某某家中等。常用做礼品销售。

二是与酒店、饭店、宾馆和娱乐场所签订长期协议,将优质果直接送到其管理部门,用做果点配餐、拼盘等。

(2) 农村市场　农村市场是个庞大的市场。国家惠农政策的实施,特别是随着新农村建设的推进,农民文化水平的提高、经济收入的增加、社会保障制度的完善,以及村村通工程的建设,农民的消费理念也发生了很大的改变,市场容量不断增大。但目前仍以"价廉"为主。可以直接销售,也可以"以物换物",如用粮食换取果品。

(3) 休闲旅游市场　城郊型农村可以开办桃业休闲旅游市场,通过自采果园、旅游产品销售;也可以制成简单加工品,如桃片、桃丁、桃罐头、桃干、桃酱、桃汁和桃粉等;也可以把桃花、桃果和桃仁制成美味佳肴;还可以出售盆花、盆景与桃木桃核雕刻工艺品;甚至可以利用桃文化做成各种景点,如桃花源记、桃园三结义、王母蟠桃盛会和长生不老寿星等,举办桃花节、仙桃节、艺术节等。如举办桃花节,可销售桃花、盆栽桃果和反季节桃果等。

(4) 专业果品会展、博览会市场　通过各种形式的展销会、果品节,宣传各种桃果品,销售各种产品。

(二)销售的经营合同

销售的经营合同,主要包括果实销售、加工品销售、苗木销售及一些特殊产品的销售。合同的签订要符合国家颁布的合同法,这里对在销售中经常用到的法律条款予以列举。

1. 合同的形式和内容

(1)合同的形式 当事人订立合同,有书面形式、口头形式和其他形式。桃销售的经济合同一般采用书面形式。书面形式是指合同书、信件和数据电文(包括电报、电传、传真、电子数据交换和电子邮件)等可以有形地表现所载内容的形式。在销售合同中,多采用合同书的形式。

(2)合同的内容 合同的内容由当事人约定,一般包括以下条款:

①当事人的名称或者姓名和住所。

②标的(如果实、苗木、罐头等)。

③数量。

④质量(如果实大小、着色面积、可溶性固形物含量等)。

⑤价款或者报酬。

⑥履行期限、地点和方式。

⑦违约责任。

⑧解决争议的方法。

2. 合同举例

在桃生产过程中,要进行果实销售、苗木购置或者销售,以及其他经营活动。下面举两个例子,供制订合同时参考。

(1)果实买卖合同

①双方当事人的名称或姓名、住所 如甲方(或供方):×

×果品销售责任有限公司；乙方（或需方）：××省××县×
×乡桃树协会。

②**产品的名称**　如水蜜桃、油桃、蟠桃和油蟠桃等。也可
以具体到品种，如曙光、双喜红、中油 4 号和大久保等。

③**产品的数量**　如多少千克（吨）、多少箱（千克/箱）或全
园包销（制定面积）。

④**产品的质量**　产品的质量由当事人双方协商确定或按
国家标准、部颁标准、行业标准执行，也可以凭买方样品交易。

质量包括：

A. 规格指标。如鲜桃大小（重量或横径）、果形、着色程
度与果面状况等（表 9-1）；

表 9-1　鲜桃品质等级标准

项目名称	等　级		
	特　等	一　等	二　等
基本要求	果实完整良好，新鲜清洁，无果肉褐变、病果、虫果、刺伤，无不正常外来水分，充分发育，无异常气味或滋味，具有可采收成熟度或食用成熟度，整齐度好，符合卫生指标的要求		
果　形	果形具有本品种应有的特征	果形具有本品种的基本特征	果形稍有不正，但不得有畸形果
色　泽	果皮颜色具有本品种成熟时应有的色泽	果皮色泽具有本品种成熟时应有的颜色，着色程度达到本品种应有着色面积的 1/2 以上	果皮色泽具有本品种成熟时应有的颜色，着色程度达到本品种应有着色面积的 1/4 以上

项目名称		等 级		
		特 等	一 等	二 等
可溶性固形物（%）		极早熟品种≥10.0	极早熟品种≥9.0	极早熟品种≥8.0
		早熟品种≥11.0	早熟品种≥10.0	早熟品种≥9.0
		中熟品种≥12.0	中熟品种≥11.0	中熟品种≥10.0
		晚熟品种≥13.0	晚熟品种≥12.0	晚熟品种≥11.0
		极晚熟品种≥14.0	极晚熟品种≥12.0	极晚熟品种≥11.0
果实硬度（kg/cm²）		≥6.0	≥6.0	≥4.0
果面缺陷*	①碰压伤	不允许	不允许	不允许
	②蟠桃梗洼处果皮损伤	无	总面积≤0.5cm²	总面积≤1.0cm²
	③磨伤	不允许	允许轻微磨伤一处,总面积≤0.5cm²	允许轻微不褐变的磨伤,总面积≤1.0cm²
	④雹伤	不允许	无	允许轻微雹伤,总面积≤0.5cm²
	⑤裂果	不允许	允许风干裂口一处,总长度≤0.5cm	允许风干裂口二处,总长度≤1.0cm
	⑥虫伤	无	允许轻微虫伤一处,总面积≤0.03cm²	允许轻微虫伤,总面积≤0.3cm²

＊果面缺陷不超过 2 项

　　B. 理化指标。如果实硬度,可溶性固形物,总酸量等(表9-1);

C. 卫生指标。果面无大肠杆菌等。某些农药残留,所执行的卫生标准如表 9-2 所示。双方可协商抽查比例。

表 9-2　鲜桃卫生指标执行标准

项　目	引用标准
汞	GB 2762—1994
六六六、滴滴涕	GB 2763—1981
砷	GB 4810—1994
敌敌畏、乐果、马拉硫磷、对硫磷	GB 5127—1985
百菌清	GB 14869—1994
多菌灵	GB 14870—1994
西维因	GB 14971—1994
粉锈宁	GB 14972—1994
甲胺磷	GB 14873—1994
抗蚜威	GB 14928.2—1994
溴氰菊酯	GB 14928.4—1994
呋喃丹	GB 14928.7—1996
水胺硫磷	GB 14928.8—1994
双甲脒	GB 16333—1996

⑤包装的提供　是卖方提供包装物,还是买方提供包装物要明确,包装物用木箱、纸箱或塑料箱,其质地、是否分层、用纸板或泡沫塑料、果实是否用塑料网套、规格,包装箱通气孔多少等,都要讲清楚。

⑥产品的价格　价格由双方协商确定。

⑦预定金　种植者或果品组织者可以向经销商提出果实订购的预定金,额度由双方协商确定,但不超过合同标的额的20%。给付定金的一方不履行合同的,无权请求返还定金,接

受定金方不履行合同的,应当双倍返还定金。

⑧**交货地点和时间** 约定是买方到产地装货,还是买方在某地接货,明确交付或提货期限(因气候影响早熟或晚熟的,交货日期经当事人双方协商,可适当提前或推迟)。

⑨**付款方式** 应明确规定货款的结算方法和结算时间,如产品装车后即一次性付清货款。也可通过银行汇款进行现金结算,以免出现假钞。也可以在确认对方信誉,有付款能力时,给一定额度的赊销。

⑩**违约责任** 对买卖双方都要进行约束。一旦违约,应承担双方协定的违约责任。没有明确约定的,按国家法律执行。

如供方果品数量少于合同规定的数量;把果品给了原合同外的另一方;在产品中掺杂使假,以次充好等,供方应按合同法规定,赔偿需方的损失。需方违约,如不按时按量提取产品;无故拒收产品;不按合同规定期限付款等,需方应按合同规定,赔偿供方的损失。

要特别提醒广大果农,一定要讲究信誉,不要投机取巧,不要要小聪明,不要掺杂使假,不要缺斤短两,要确保质量,货真价实,公平交易,善待经销商。

(2)苗木购销合同

①双方当事人的名称或姓名、住所 与果实买卖合同相同。

②**苗木品种数量和价格** 每品种多少株,每株的价格。

③**苗木规格和质量** 苗木类型是一年生苗、二年生苗、当年生苗或半成品苗,高度,粗度,枝条成熟度、芽的饱满度、根系数量和长度、无检疫性病虫害(或特别提出某种病虫害)。

④**苗木品种纯度** 如品种纯度应达到95%以上。

⑤预订金和苗款结算方式　与果实买卖合同相同。

⑥取苗时间　如×年×月×日前取苗。

⑦运输方式　如邮寄、托运、汽运(自运或送货等)。

⑧技术服务　是否需要技术服务,多少次,是无偿或是有偿,偿金是多少等。

⑨特殊约定　如品种保密,不准育苗等。

⑩违约责任　如苗木纯度低于95%时,应赔偿不纯部分2倍的苗款。对造成经济损失的,要按国家法律执行。

二、桃园成本管理和经济分析

桃树生长快,结果早,适应性强,病虫害少,是比较容易管理的树种。所以,桃园成本低,见效快,收益高。

成本包括生产成本和营销成本。生产成本由活劳动(人工费用)和物化劳动费用(生产过程中消耗的一切生产资料,如种苗、肥料、农药和农机、排灌及其作业费等)构成。成本的高低对经济效益的取得起决定性作用,所以,计划和控制成本很重要。

(一)成本计划和成本控制

1. 成本计划

成本计划,是在市场预测的前提下,根据桃树的品种、熟期、果品质量,确定生产全过程的投入、管理和经营费用的预算。不同规模,不同生产模式,不同销售方法,其成本计划各不相同。在一般桃园,实际和直接成本,包括土地承包费、建园设施费、苗木购置费、田间管理费(包括生产资料、人工等)、果品销售费和国家税收等费用。

目前,我国的生产经营方式多种,有个体户,有协会,有公司。规模也有小面积桃园、中型桃园和大型桃园。对于个体户的小面积经营,一般为 0.13～0.67 公顷(2～10 亩)地,多以零售为主。不用雇工,靠自己劳作,习惯于劳务不计成本,物资精打细算,其主要成本用于肥料、农药和果袋等直接农业生产资料的购置和水电费,一般 667 平方米成本不超过300～500 元,占总收入的 10%～15%。中型规模经营的桃园,一般为 6.67～33.33 公顷(100～500 亩),果园的整体规划、防护林建设、排灌系统、管理机械和果实处理等基础设施性投资较大,如微灌,每 667 平方米需 800～1 000 元,打药机、锄草机和运输工具等,折合每 667 平方米 10～15 元。田间需用的农业生产资料和管理人员的工资,是成本形成的主要来源,一般667 平方米需投入 900～1 000 元,占总收入的 15%～30%。要特别注意控制人员的使用,提高劳动效率,做好机械的维修保养工作。大规模经营的桃园,一般在 66.67 公顷(千亩)以上。机械化程度高,单位面积用工少,成本投入占收入的20%左右。在桃果的包装、贮藏和运销中,要充分了解行情,把握市场,减少损耗,降低成本。城郊桃园多数以高投入、高产出、高效益的方式经营,一般 667 平方米的成本为1 500～3 000 元。有机桃栽培成本更高,一般在 4 000 元左右。

2. 成本控制

成本控制,包括成本的事前控制、事中控制和事后控制。事前控制,就是在生产之前,对影响成本的因素进行分析研究,制定出约束成本费用、预算损失浪费的制度。如因为管理不善,在生产资料采购过程中,发现经办人吃回扣,购买了劣质产品,就增加了实际成本,必须加强管理,加强教育,使员工树立以场为家的思想。事中控制,就是在生产过程中,对各项支出进行严格监督检查,对发生偏差的费用及时制止,防微杜渐。事后控制,就是在产品出售后,进行成本的综合分析,将实际成本与目标成本进行比较,分析差异,查明原因,总结经验教训,制订新的计划。

(二)成本核算

成本核算,是对桃果实生产中的费用发生和成本形成的核算,是成本管理的一个重要环节,也是制定价格的主要参考指标。

成本核算要求做好以下工作:①建立和健全原始记录制度,为成本核算提供真实、完整、正确的数据资料,也就是对使用的各种原料、生产资料和用工等详细记录。②建立和完善材料、物资、产品等的计量、验收、领发和清查制度,并建立内部结算制度。③对资本性支出(如固定资产、无形资产投入)应按在整个收益期分摊,如固定资产折旧、无形资产摊销等。固定资产折旧的计算方法有多种,简单的可以采用平均年限法,即把固定资产的折旧总额,按使用年限,平均分摊于每个年度。其计算公式如下:

$$年折旧率 = \frac{1 - 预计净残值率}{折旧年限}$$

$$年折旧额 = 原值 \times 年折旧率$$

式中净残值率一般按 3%~5% 确定。

在桃树生产过程中,实际发生的费用,主要包括苗木成本、建设成本、管理成本、生产资料成本和固定资产成本,在营销过程中主要包括广告成本、推销员工资和花费、贮藏和运输费。

(三)降低成本的主要途径

降低成本,要从多方面入手,包括生产计划、经营计划、田间管理、劳务管理、生产资料采购和新技术应用等。各个环节都要本着科学、节约、适时和适量的原则,采用先进技术,提高劳动生产率和管理水平,生产出更多的优质果品。

1. 合理制定生产、经营计划

在长期计划的前提下,搞好年度计划。

(1)生产销售计划 根据树龄和品种,确定果实产量、质量,一级果占的比例,是否进行套袋,包装等级、销售方式、销售渠道、销售时间、销售地点和销售费用等指标。

(2)劳动力利用计划 包括劳动力结构、劳动力利用率和劳动者技术培训等。

(3)技术措施计划 包括常规技术和先进技术的采用,如施肥种类、施肥时期、施肥方式,新的、有效的、经济的、污染少的病虫害防治方法,修剪模式和果实包装类型等。

(4)资金使用计划 包括生产资料购置、劳务费、引进人才和技术费,以及收入分配、任务完成奖罚等费用的计划。做到科学、合理和有效。

2. 正确对待新品种

品种就是生产力。有了新的、优良的品种,就能获得好的经济效益。但目前由于管理不善,社会上欺诈现象泛滥,农民往往上当受骗。所以,要谨慎对待新品种,特别是一些胡乱取名的公司或个体苗商,更应该保持清醒的认识。最好与大的有信誉的公司、科研单位、大专院校联系,了解清楚每个品种的优点、缺点、适应范围和市场前景等,千万不要一时图便宜,或轻信一些人的吹嘘,种了不适应当地气候、市场竞争力差的品种,结果所收无几,甚至赔钱。

第一,对育种单位、产地进行考察。远距离引种时,要进行充分的了解,有必要进行引种观察,避免盲目生产,造成损失。引种后,要采用密植栽培或高接的方法,使其尽快结果。

第二,对能够肯定的新品种,不能犹豫,要抓紧扩大生产,以新以优尽早占领市场。

3. 生产资料要严把质量关

购买生产资料,要到大的正规商店去购买,这样能够保证质量。否则,购买和用了假的农药与化肥,就会耽误大事。如防治红蜘蛛,如果药效不好,几天后红蜘蛛就会更猖獗,引起黄斑和穿孔,甚至落叶,从而影响果实质量和花芽分化。通过桃协会,统一购买生产资料,可降低成本。大的果园可以享受批发价,小果园可以几家联合购买,享受批发价。

4. 田间管理要科学化

第一,土肥水管理是基础,要认真地逐项搞好。要多施有机肥。可自己动手,把草和秸秆堆沤成肥料,这样,成本低,效果好。

第二,病虫防治是保证,要及时有效。了解病虫的发生规律,抓住关键时期进行防治。如防治介壳虫,就要在卵孵化后的若虫爬行期喷药。否则,若虫在枝条上已固定,分泌蜡质后再打药,再防治已无济于事,同时,既消耗人力和物力,也污染环境,污染果实。

（四）经济效果分析

经济效果是投入与产出的比较,一般表示为:

$$经济效果 = \frac{产出（劳动成果）}{投入（劳动消耗）}$$

1. 经济效果分析的内容

(1)劳动产出能力分析　常用劳动生产率为指标,其公式为:

$$劳动生产率 = \frac{果品数量(或产值)}{劳动时间}$$

比如一个 5 人管理的 6.67 公顷(100 亩)桃园,产桃量为 15 万千克,年产值 30 万元,则其劳动生产率 $= \frac{30 \text{万元}}{5 \text{人 · 年}} = 6$ 万元/人 · 年,或 $= \frac{30 \text{万元}}{5 \text{人} \times 365 \text{日}} = 164$ 元/人 · 日,在一定条件下,单位时间生产的产品数量愈多,劳动生产率愈高,经济效益愈好。

(2)成本费用利用率　是利润总额与成本费用总额的比率。其公式为:

$$成本费用利用率 = \frac{利润总额}{成本费用总额} \times 100\%$$

比率高,说明付出代价小,获利能力强。

(3)总资产报酬率　是在一定时期内的税后净利润与资产总额的比率,表示为:

$$总资产报酬率 = \frac{净利润}{资产总额} \times 100\%$$

总资产报酬率反映了总资产的利用效果。

(4)技术回报率　是在同样条件下,采用一项新技术所产生的利润率,表示为:

$$技术回报率 = \frac{增加产值增加的成本}{产量} \times 100\%$$

如在库尔勒对双喜红油桃进行果实套袋,667 平方米用袋费为 1 750 元(包括纸袋费和人工费),套袋果每千克卖 6 元,而不套袋果每千克卖 4 元,每 667 平方米产量为 2 000 千克。则套袋的技术回报率 $=\dfrac{(6-4)\times 2000-1750}{2000}\times 100\%=$ 112.5%。计算结果说明,这项技术对同类品种来说,在该地区可以推广。

2. 分析方法

(1)对比法 当年完成数与计划指标相比较,来反映任务的完成情况。在同等条件下,本果园与其他先进果园的同一指标进行比较,来反映横向发展水平。几个品种相互比较,来分析品种的生产效果。如 1997 年,郑州地区春蕾桃 667 平方米产值为 800 元,雨花露和大久保的 667 平方米产值为 1 500元,仓方早生的 667 平方米产值为 3 900 元,秋红的 667 平方米产值为 5 000 元。将几个品种进行比较,可以看出秋红和仓方早生的收益高。再分析一下出现差别的原因,就可以确定应该扩大哪一个(类)品种的生产,而改造另一些品种。其原因是春蕾、雨花露种植面积过大,大久保成熟时西瓜很多,桃价格低,这时就可以对效益低的品种进行改接,换做插空补缺的品种。

根据实际情况,1997 年秋红、仓方早生有了比较高的经济效益,人们会纷纷发展这些品种。过几年,又会出现类似的春蕾、雨花露的情况。所以,有远见的果农,就应该从这种现象中受到启发,去发展更新更优更奇的品种,如中油 4 号、郑 3-12、佳美、佳丽和佳馨油桃,五月金、金凤和金硕黄肉水蜜桃,麦黄和皇后蟠桃,以及晚熟的大果水蜜桃、油桃和油蟠桃等品种。

(2)动态数列分析法 采用动态数列对发展状况进行分析,可以用增长量、发展速度和增长速度来表示:

增长量=今年产值-基期产值

$$发展速度＝今年数量/基期数量$$

$$增长速度＝增长量/基期水平＝发展速度－1$$

(3)杜邦分析法 这是美国杜邦公司最先采用的一种分析方法,认为企业的经营活动是一个系统,内部各种因素有着相互依存、相互作用的关系,各种指标比率之间有一定的相互关系。因此,利用几种主要比率之间的关系,来综合分析经营状况。分析时采用的系统图称为杜邦图或杜邦系统(图 9-1)。

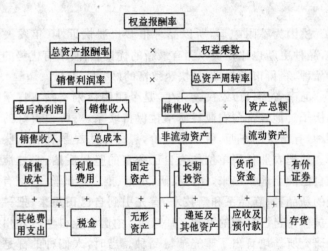

图 9-1 杜邦系统

第十章　高效种桃致富典型

在高效益栽培桃树的过程中，出现了致富的典型。其成功的做法和经验，值得学习和提高。

一、抓住机遇，用新奇特品种占领市场

桃因为不耐贮运，所以品种很多。油桃近 10 年发展迅速，品种更新也比较快。拥有最新的优良品种，最有优势的奇特品种，获得市场先机，是快速致富的好办法。

河南省周口市农民凌先生，是个聪明伶俐又踏实肯干的小伙子。他经常与农业科研单位保持联系，一听说有好的新品种，有苗头的东西，就不惜代价，想尽办法尽早拥有这些品种。他把农业科研单位作为自己致富的坚强后盾，心甘情愿把自己的土地拿出来，作为科研、示范、推广的试验田，把有希望的新品种、新品系和新技术，首先引到自己田里来，把科研人员作为自己发家的财神。1995 年，中国农业科学院郑州果树研究所新培育出了曙光油桃品种。当时，人们种的都是从国外引进的酸油桃。但他花高价买来了甜味的曙光、艳光苗木，并采用密植的技术，第二年 667 平方米产量就达到了 1 500 千克。当时售价为 5 元/千克，667 平方米地毛收入 7 500 多元，扣除管理成本，每 667 平方米净收入近 7 000 元，成为远近闻名的科技能人。后来，在油桃专家的帮助下，他又把早熟甜油桃种在大棚中，提前上市 1 个月，每棚收入超过 1.2 万元。当时，温家宝总理还亲自到他的棚里看过，肯定了

农业结构调整的成效。通过 15 年不懈努力,他在当地小有名气。2003 年,他被评为河南省农村青年星火带头人。2004 年,被评为全国农村青年创业致富带头人。2003 年,被评为河南省十大新闻人物之一。2004 年,被评为河南省劳动模范、河南省人大代表。2005 年,被评为全国劳动模范。他致富不忘乡亲,带领本村的农民一起搞桃树生产,每年桃成熟季节,客商络绎不绝,生意十分红火。当大家把曙光发展起来以后,他又及时从郑州果树所引进千年红、郑 1-39 品种,比曙光早上市,与大棚油桃紧接着成熟,每千克售价 4 元,667 平方米地又赚 6 000 元,并储备一些优良品系。他成功的秘诀就是"紧跟科技潮流,不断更新品种","要想快速致富,科技走在前头"。

二、运用新技术致富

现在,一般果农单纯把品种放在第一位,而忽视了配套技术的应用,所谓"良种良法"没有真正落到实处。有的果农种植桃树致富,其原因就在于,不仅种了良种,而且运用了体现新技术的"良法"。

郑州郊区农民王先生,原来种大棚蔬菜。当得知桃树也能种在大棚里以后,便迅速与中国农业科学院郑州果树所的专家联系,把菜棚改成了油桃棚。1990 年,当时大棚桃还不多,他精心管理的 3 分地大棚,产桃 700 千克,不出棚售价为 20 元/千克,收入 14 000 元,扣除棚膜及管理费用,3 分地收入 12 000 元。折合 667 平方米纯收入为 4 万元。他成功的关键,在于"善于接受新事物,刻苦钻研新技术,精耕细作保丰收"。他吃住在棚里,每天详细记录棚内的温、湿度变化,了解油桃的生长发育规律,采取相应的管理措施,总结出一套实用的大棚油桃管理技术。这些技术使他自家的大棚丰收,同时又帮助其他果农致富。城市郊区的土地被征用了,他就利用自己的一技之长,到外地为棚农服务,每个月吃住由人家管,月工资拿到1 200~2 000元,年净收入15 000元左右,不比城里的工人少挣钱。

三、适度规模出效益

当一个地方并非十分发达时,种几亩(1亩为667平方米)油桃好卖,当地就消化了。但种几十亩就不一定能卖出去了。然而种了几千亩后,反而更好卖了。河南内乡县的一个乡,利用当地小气候,种同一个油桃品种比别地成熟早的特点,大力发展极早熟油桃,占领西北市场。目前,一个乡发展极早熟油桃1 333.3公顷(2万多亩)。他们种植的千年红油桃,5月10~20日可以成熟。此时,西北市场是个空白,或者只有少部分保护地种植的油桃。保护地油桃价格比较贵,而品质却比不上露地桃。所以,他们就利用自己的地域优势,把油桃运往西安、兰州、乌鲁木齐、西宁和呼和浩特等城市。外地客户纷至沓来,农民不愁卖不出去,还能卖个好价钱。客商找到了货源,与果农互惠互利。山西运城的油桃、安徽砀山的黄桃和油桃,都是因为具有一定的规模,形成了市场,邻近的桃也都拉过来进行交易,比在原地的价格高还好卖。

四、善于发现,勇于创新

没有创新就没有生命。要善于在习以为常中发现不平常,在见怪不怪中发现怪相,从晨露闪烁中见日月之光,从新生事物的萌芽中见生机勃勃。目前,兴起的绿色消费,为果农和企业家提供了千载难逢的良机。休闲业是一种朝阳产业。

城市的拥挤、喧闹、污染与农村的广阔、幽静、清新形成了鲜明的对比;城市人匆忙、单调、压抑的生活,使他们喘不过气来,他们渴望到野外踏青,到山区度假,投入大自然的怀抱,让纯洁的空气、淡雅的草香、潺潺的流水,洗去都市的腥尘。他们厌烦了在人声嘈杂的市场购买果品,向往青枝绿叶间蕴藏着的鲜桃……聪明的果农发现了赚钱的机会,"农家乐"、"逍遥居",以一个吊床、一席野菜、一棵桃树、一杯泉水,这些伸手可得的自然资源,换取了几倍、几十倍的收入。你乐、我乐、大家乐,乐在发现了特殊的消费者。聪明的企业家勇于创新,在郊外建起了观光果园和自采果园。荡起秋千、沿着独木桥、通过葡萄长廊,来到无人打扰的桃树下,和情人尽情地抒发情感,和家人尽情地玩耍,然后摘下最喜爱的仙桃,既饱了口福,也体味了自然的情趣,走时再带上一兜,让朋友也享受鲜桃的甘甜。对于经营者,省去了人工采摘费用,又省去了包装、运输和销售过程中的损耗,一举多得。四川成都果农陈明德,4×667 平方米果园,年收入 10 万元。把这块园地做成"海、陆、空"经营模式——果树种在垄上,垄下养鱼,地面种草莓、蔬菜,树上结果。一年中水果卖了 3 万元,"农家乐"收入近 7 万元。

兰州市西固区的油桃试验园,改为自采果园后,2 公顷地最高年收入达 50 万元。

除了这些花果观赏型以外,还有四川郫县友爱乡、温江县万春镇的农家园林型,都江堰的青城后山,蒲江县的朝阳湖等景区旅舍型,新都县农场的泥巴沱、邛崃市前进农场的东岳渔庄的花园客栈型,等等,这些"农家乐"以农业文化和民间文化,体现自然山色的纯美,农家院落的幽静和耕耘劳作者的勤劳与质朴,以及天然农产品的绿色,使城里人休闲自得,回味无穷。

五、不断总结经验教训,
规模发展创名牌

(一)涉入早,收益高

辽宁省普兰店市元台镇,领导重视,积极扶持,群众配合,1996 年开始规模发展保护地油桃生产。统一规划,始建 30 个棚,每棚净面积 560 平方米,占地面积 1 520 平方米(2.28 亩)。棚与棚之间间作其他作物或空闲。从事棚桃生产早的农户,利润高。1997 年售价平均为 26 元/千克,最高为 38～40 元/千克,每棚产量 2 000～2 500 千克,产值 5 万～6.5 万元/棚。以农户高某为例,1996 年建棚,棚长 70 米,宽 7.5 米,建棚费用 2 万元。1997 年,产油桃 950 千克,平均售价为 26 元/千克,产值 2.47 万元,当年收回成本,略有盈利(不计管理的人工费)。1998 年,产油桃 1 649.5 千克,平均售价 24 元/千克,产值 3.958 8 万元,扣除棚膜、肥料、农药、租用蜜蜂、地膜费用 2 350 元,一棚收入 3.238 万元(不计人工费用)。

(二)规模发展,创造条件,
打入主流市场

1998 年,在好的经济效益的影响下,普兰店市元台镇大量发展保护地油桃生产。截至 2004 年,普兰店市已发展节能日光温室 3 300 多座,占地面积 666.67 公顷(万余亩),以元台镇、城子坦镇为最多。主栽品种有艳光、早红珠、早红霞、丽春、中油 5 号、早红 2 号,126、曙光、双喜红、丰白和少量蟠桃。2003 年,该市注册了"大王桃"商标,被国家绿色食品管理中心认定为绿色食品。其油桃除销往东北地区外,还通过经销人远销北京、上海、广州、深圳、昆明、河南、西安和香港,以及俄罗斯等地。

（三）吸取经验教训，提高产量和质量

1. 必须保证有效的休眠时间

1999 年秋季,有两个姓王的果农为了使桃果提早成熟,抢占市场,于 10 月 2 日罩棚盖帘,进行休眠。当时未见霜,外界气温也较高,为 8℃～16℃,有时高达 20℃。品种为早红 2 号、五月火、早红宝石、早红珠和早红霞。1 个月后(11 月 2 日)便开始揭帘升温。结果,因为需冷量没有满足,萌芽缓慢,45 天后才见花,开花不整齐,产量低,经济效益很差。而另一姓高的果农,罩棚盖帘的时间晚半个月(10 月 17 日),同样为 1 个月后揭帘升温(11 月 17 日),30 天后即开花,开花整齐,花期仅 7～10天,坐果率高,产量比前者高出 1 倍多,效益也好。

2. 不要捋叶催眠

1999 年秋天,果农王某在同一棚中,对 1/3 的桃树先捋叶,后罩棚降温;2/3 的桃树先罩棚降温,后让树叶自动落去。结果早摘叶的 1/3 树表现开花晚 3～4 天,且花小,开放慢,新梢生长也慢,果实小,成熟期推后,收入不高。而不摘叶的表现明显好于摘叶的桃树。

3. 升温初期见光要循序渐进

1999 年,两户果农对桃大棚升温时,一天就把帘全部拉开,加上需冷量不足,结果花芽大量枯死脱落,只剩粗枝(小指粗以上)有少量花芽开花。70 来米长的棚,仅产桃 115 千克,

产值才 2 000 多元。

4. 控制好温、湿度,特别是花期温度不能太高

1999 年春节,正值桃花开放时,果农郭某在除夕中午
10:30 看棚内温度为 20℃,估计没有问题。午饭后 12:30 回
来,棚内气温达到了 28℃。两天后,花大量脱落,几乎绝收,
只有近地面树荫下有少量果实,产量不足 150 千克。

5. 合理施肥,防止氨气中毒

1999 年,果农高某往棚内施用未腐熟的有机肥,结果释放大
量氨气,使桃树中毒,表现落叶,影响果实发育。2004 年元月份,
于某用尿素追肥,在气温低、放风少的情况下,出现了肥害。

(四)建棚投资举例

1. 自动卷帘无支柱钢架结构大棚

时间:2001 年;地点:辽宁省普兰店市。

棚体大小:长 80 米,宽 8 米。

建棚费用:如表 10-1 所示。

表 10-1　无支柱钢架结构大棚建造费用

项　目	金额(元)
石　头	4800
砌墙人工费	1300
钢材(4 吨×2000 元/吨)	8000
焊条、电费、人工费	1000
草帘(75 千克×28 元/千克)	2100
卷帘机	2300
卷帘绳、压膜线	170
打　井	2400
合　计	24070

2. 自动卷帘竹木结构大棚

时间:2004 年;地点:辽宁省普兰店市。

棚体大小:长 90 米,宽 8.5 米。

建棚费用:如表 10-2 所示。

表 10-2　竹木结构大棚建造费用

项　目	金额(元)
石头 170 米³×25 元/米³	4250
水泥 8 吨×220 元/吨	1760
砂子 30 米³×10 元/米³	300
石子 15 米³×35 元/米³	525
推土费	1000
钢　线	2000
木杆 30 根×70 元/根	2100
小竹竿 240 根×1.8 元/根	432
棚面钢线	1300
16 号铁丝 5 千克×6 元/千克	30
12 号铁丝 25 千克×5.4 元/千克	135
压膜绳	800
风口绳	70
控帘绳	980
卷帘机	2000
建棚工资	4250
苗　木	2000
合　计	23932

3. 人工卷帘水泥中梁塑料大棚

时间:2002 年;地点:河南省灵宝市。

棚体大小:长 50 米,宽 12 米。

建棚费用:如表 10-3 所示。

表 10-3　水泥中梁塑料大棚建造费用

项　　目	金额(元)
水泥骨架 50 对×84 元/对	4200
砖 12000 块×100 元/1000 块	1200
水泥板 17 块×60 元/块	1020
棚　膜	500
压膜线、尼龙绳	300
无纺布	1200
耳房 2.5 米×5 米	2500
建筑工费	1000
苗　木	1300
有机肥 猪粪 8 车×60 元/车	480
合　计	13700

(五)周年管理费用举例

时间:2003 年,日光温室 667 平方米;辽宁省普兰店市。

投入明细:①有机肥(10 立方米)600 元;②复合肥(N∶P∶K＝15∶15∶15)125～150 千克,300 元;③农药 300 元;④租蜜蜂 150 元;⑤棚膜 75 千克×12.5 元/千克＝927.5 元;⑥地膜 40～50 元;⑦电费 100 元;⑧合计:2 437.50 元(不包括人工费)。

(六)收益举例

1. 日光温室

面积:长 70 米×宽 7.5 米;辽宁省普兰店市。

1996 年栽树,1997 年产桃 950 千克,平均售价 26 元/千克,产值 24 700 元;1998 年产桃 1 649.5 千克,平均售价 24 元/千克,产值 39 588 元;1999 年产桃 2 000 千克,平均售价 20 元/千克,产值 40 000 元;2003 年产桃 2 250 千克,平均售价 14 元/千克,产值 31 500 元;2004 年产桃 2 500 千克,平均售价 12 元/千克,产值 30 000 元。

2. 保温式大棚

面积:长 50 米×宽 12 米;河南省灵宝市。

2002 年栽树,品种为千年红和曙光。

2003 年,管理较好棚,产量 1 650 千克,平均售价 8 元/千克,产值 13 200 元;管理较差棚,产量 750 千克,产值 5 200 元。

2004 年,管理较好棚产量 2 000 千克,平均售价 7 元/千克,产值 14 000 元。

六、兴旺的北京平谷桃产业

(一)一品带动,规模赢人

2000 年 8 月 31 日《京郊日报》报道:现在平谷县应该是当之无愧的桃乡。1999 年全县年大桃总收入 2.6 亿元,大桃生产综合效益 4.69 亿元。5 万名从事大桃生产的农民,年均收入 5 200;14 个山区、半山区乡镇大桃税收 500 万元。在平谷大桃产业发展的历史上,也曾经出现过卖桃难的情况,最终得出一个有哲学色彩的结论:少了就是多了,多了就是少了。人们认为平谷大桃零散地看是多了,整体地看规模还不够,无法形成规模效益。为解决卖桃难的问题,必须进一步扩大规模。对此,当地老百姓有形象的认识:如果桃贩子来一天收不上一车桃,他肯定不来;如果桃贩子半天能收 10 车桃,他肯定抢着来。当前,平谷的精品大桃正是靠规模造势赢人。

大桃的一品经营,带动了平谷县经济的全面发展。首先是带动了果品深加工业。全县先后建立起泰华、平乐和华邦等几家果品深加工企业,每年出口创汇 500 多万元。其次是促进了果品市场的发展,该县投资 2 000 多万元建成的占地19.4 公顷的规范化、标准化大桃市场,大桃年交易量 8 000 万千克,交易额 1.6 亿元。三是促进了销售专业户、专业村的发展。现在全县农民果品运销经营组织达 60 多个,已有 1 400户农民从事果品运销。此外,还促进了旅游观光业的发展。

(二)标准化创出平谷大桃

2001 年 1 月 10 日《中国质量报》报道:平谷县作为全国大桃生产著名的大桃之乡,从 20 世纪 90 年代初开始,就把发展大桃生产作为支柱产业来培育。在积极培育大桃品牌的同时,进行桃标准化生产试验,研究出一套符合平谷特点并且高于国家标准的《大桃栽培综合标准》,对苗木生产、果园建立、栽培管理、采收、包装和贮藏等方面,进行了严格规定,连何时施肥、施什么肥,何时灌水、灌多少水,都有详细规定。过去果农想怎么种就怎么种,桃子爱怎么长就怎么长,现在要进行标准化生产。

刘玉忠是当地远近闻名的种桃能手。1997 年以前,尽管他的果树产量很高,但质量和效益却上不去,收入总在1.5万～2.5万元之间。1998年,他开始试验标准化生产,当年收入就达到3.4万元。1999年达到4.3万元。2000年,500克以上的大桃达70%,最大的1000克。由于桃大、形美、味甜,又达到了绿色食品的要求,被推荐到昆明世界精品农业博览会参展。当时任国务院副总理的温家宝品尝了他的桃子后,还专门到刘玉忠的果园进行考察和调研。

(三)平谷晒字大桃卖天价

2000年9月25日《京郊日报》报道:日前,平谷县熊儿寨乡桃王刘玉忠家的桃园,成了众目睽睽的目标。原来他家的八月脆桃个个0.5千克重开外不说,最抢眼的是桃上晒出红底白色的"福"、"寿"等字,就是不吃光看,也心旷神怡。

桃园外面有的商贩一连蹲守了好几天,恐怕它们一不留神"飞"了。据商贩们讲,在苹果上晒字较为常见,让毛茸茸的鲜桃"长"出字来可新鲜,真成了工艺品了。去年刘玉忠在0.1公顷桃树创造出了4.3万元的高效益。他家的"八月脆",打小儿就套了袋,始终不染病。一进9月中旬,桃儿们脱了"衣服",贴上主人事先准备好的字,利用阳光充沛的自然环境,几天内就能把字自动"写"上去。选的都是0.65千克以上的大桃,有200来个。根据市场行情,每个小的卖30元钱,大的低于50元不卖。

(四)京东蟠桃"总动员"

2000年9月22日《精品购物指南》报道:王府井的桃香还未散尽,平谷又在全县摆阵搞起了桃王擂台赛。不久前,他们在市级风景区东大峡谷举办的桃王颁奖仪式,拉开了平谷第四届金秋采摘节的帷幕,在万人参加的桃王颁奖暨采摘节开幕式上,三位荣获"桃王"称号农民参评的大桃被当场拍卖,不少演艺界人士也赶来助兴。

本次采摘节将采摘与观光融合为一,推出了丫髻山、西峪山庄、京东大峡谷、京东大溶洞、老象峰、京东淘金谷、飞龙谷和金海湖沿线八大采摘区。八大采摘区共推出 466.67 公顷(7 000 多亩)采摘园,蟠桃是"招牌菜"。采摘区皆在风景秀丽的自然景区中,游人摘中游、游中摘,自然更富情趣。

(五)"双营"有机桃获最佳安全优质奖

平谷"双营"公司已建成中国最大的有机桃生产基地,面积为 54.53 公顷。基地采用有机化栽培模式,不施一粒化学肥料,不打一滴化学农药。对于害虫,采用物理防治、农业防治和生物防治的方法,通过频谱杀虫灯、性诱剂、糖醋液、粘虫板,来诱杀害虫,并释放捕食螨和赤眼蜂等有益昆虫,来控制害虫的发生。全园采用"鸡粪、牛粪、羊粪+草+桃树枝(粉碎)+麦饭石+生物菌肥"的施肥方法,提供桃树生长发育的营养。所生产的有机桃,口感纯正、味道鲜美。经检测,农药残留量为零,获得"迎奥运北京名优果品评选推荐活动"一等奖,与最佳安全优质奖,每 500 克售价为 8.8 元。

附录 1　露地桃周年管理历

月份	物候期	主要工作
1 月	处于深休眠状态	1. 清园。　2. 冬季修剪。　3. 伤口涂保护剂 4. 刮治介壳虫。　5. 制订全园管理计划
2 月	根系开始活动 中下旬花芽开始膨大	1. 继续冬季修剪,要求在中旬前结束 2. 建园(定植)。　3. 熬制石硫合剂 4. 中旬灌透萌芽水 5. 下旬追花前肥,以氮肥为主
3 月	根系加速活动 中下旬叶芽开放 (中旬常有一次寒流)	1. 喷石硫合剂,中旬 5 波美度、下旬 3 波美度 2. 中耕。　3. 中旬带木质部芽接、枝接 4. 月底抹芽、除萌,防治金龟子、象甲 5. 整地备播(育苗)
4 月	根系加速活动,进入高峰期 上旬开花 中旬展叶 下旬枝条开始生长	1. 防治金龟子、浮尘子 2. 3 月底 4 月初疏花蕾、疏花、人工授粉 3. 播种(苗圃) 4. 花后防治蚜虫,隔 1 周再喷药 1 次,注意药剂要交替使用 5. 花后追肥、灌水,以氮为主
5 月	新梢生长加速 中旬开始硬核 第一次生理落果 月底极早熟品种成熟	1. 防治粉蚜、卷叶蛾。树势较弱、盛果期树可以加入 0.3% 的尿素 2. 防治穿孔病、炭疽病等病害 3. 中旬硬核期疏果、定果、套袋(中晚熟桃、油桃更重要) 4. 早熟品种中旬追壮果肥、灌水,以钾肥为主,配施氮、磷肥 5. 夏季修剪(摘心、疏枝、回缩等) 6. 中下旬防治桃蛀螟,堵塞红颈天牛虫洞

月份	物候期	主要工作
6月	上旬极早熟品种成熟 中下旬早熟品种成熟 新梢生长高峰 中下旬开始花芽分化	1. 采收,卖果。2. 月初开始防治红蜘蛛,中下旬、7月上旬各一次 3. 夏季修剪(摘心、疏枝) 4. 捕捉红颈天牛,防治椿象、介壳虫等 5. 叶面喷施磷酸二氢钾 6. 当年速生苗嫁接(6月初至6月中下旬)
7月	新梢生长缓慢 中早熟、中熟品种成熟	1. 采收,卖果。 2. 夏季修剪(疏枝,幼树拉枝) 3. 果实成熟前15天追催果肥,以氮、钾肥为主 4. 捕捉红颈天牛成虫,诱杀白星金龟子 5. 注意排水防涝
8月	晚熟品种成熟 新梢大部分停止生长	1. 采收,卖果 2. 夏季修剪(疏大枝,拉枝,注意适度,勿憋芽) 3. 追采后肥,以磷、钾为主。 4. 行间翻压杂草 5. 苗圃芽接。 6. 防治刺蛾、卷叶虫等。 7. 主干绑草把诱集红蜘蛛
9月	月初枝条停止生长 根系生长进入第二个高峰期	1. 施基肥,配以氮、磷肥 2. 防治椿象、浮尘子、刺蛾、回迁蚜虫等。上旬主干绑草把诱集越冬害虫 3. 秋旱严重时灌水 4. 行间种草或移植草莓
10月	中旬大量落叶开始。养分开始向下输导	1. 施基肥,配以氮、磷肥 2. 树干、主枝、大枝涂白
11月	中旬落叶终止 进入休眠	1. 清除园中杂草、枯枝、落叶 2. 苗木出圃(11月底至12月初开始) 3. 树干、主枝涂白
12月	自然休眠期	1. 冬季修剪。2. 清园。3. 灌封冻水 4. 总结当年工作,做好第二年的各项准备

＊本历为郑州地区一般果园的管理情况,其他地区可根据品种的成熟期推算,白凤于7月10日成熟,大久保于7月20日成熟

附录 2 日光温室桃(需冷量 500 小时)周年管理历

时　期	生育期	主要管理
中旬/10 月～底/10 月	落叶期	适度干旱,有条件的可以喷落叶剂
底/10 月～初/11 月	落叶期	罩棚,使桃树处于黑暗状态下。夜间揭草帘,有条件的可以用冷气降温
初/11 月～上旬/12 月	休眠期	1. 白天放草帘,夜间揭草帘(后期可不揭) 2. 清理落叶出棚 3. 温度控制在 3℃～10℃,后期 3℃～6℃
上中旬/12 月	催芽前期	1. 揭帘升温。须循序渐进,先揭一半,1 周后揭完 2. 冬季修剪,并清理枝叶出棚 3. 灌透水,并覆地膜 4. 温度控制在 10℃～28℃,夜间 3℃～5℃ 5. 遇降雪要及时清理棚面
中旬/12 月～下旬/12 月	萌芽期	1. 喷 5 波美度石硫合剂 2. 发现越冬红蜘蛛出蛰时,喷齐螨素 3. 后期出现蚜虫时可以使用烟雾剂,注意通风 4. 温度控制在 10℃～25℃,夜间 5℃
初/1 月～中旬/1 月	开花期	1. 疏花蕾 2. 人工授粉或熊蜂、壁蜂、蜜蜂授粉 3. 严格控制温度,以 10℃～22℃为宜,最高不超过 23℃,最低不低于 5℃;相对湿度在 50%～60% 4. 防治金龟子、象鼻虫 5. 谢花后防治蚜虫、细菌性穿孔病 6. 花后追施氮、磷、钾复合肥,每株 250 克 7. 遇阴天时,白天打开草帘,晚上早放草帘,有积雪及时除去 8. 温度过低时要辅助加温和补光

续附录 2

时　　期	生育期	主要管理
中旬/1 月～ 中旬/2 月	展叶期 新梢开始生长期 幼果期	1. 抹芽、疏枝 2. 叶面喷施磷酸二氢钾,施二氧化碳气肥 3. 注意防治蚜虫 4. 棚膜要清扫干净(下同) 5. 有条件的张挂反光膜 6. 温度控制在 15℃～25℃,夜间 8℃～15℃,湿度在 50%～60%
下旬/2 月～ 上旬/3 月	硬核期	1. 追施 N、P、K 肥,促进胚、核的发育 2. 防治细菌性穿孔病 3. 疏果、定果 4. 疏枝、回缩枝组 5. 施饼肥,每株 0.5～1 千克 6. 温度控制在 15℃～25℃,夜间 15℃,相对湿度在 50%～60%
上旬/3 月～ 中旬/3 月	果实迅速膨大期 果实着色期	1. 叶面喷施磷酸二氢钾 2. 拉枝、吊枝、摘叶等方法,增加着色度 3. 温度控制在 15℃～30℃,夜间 15℃,相对湿度在 50%～60%
中旬/3 月～ 中旬/4 月	果实采收期	1. 分期、分级采收 2. 包装盒(箱)要精美 3. 温度控制在 15℃～30℃,夜间 15℃左右,后期可去棚膜
中旬/4～落 叶	采收后	1. 采后重剪,重剪后速喷杀菌剂 2. 间伐 3. 条沟施有机肥 4. 7 月中旬树势强时,叶面喷洒 200～300 倍液的多效唑 5. 病虫害防治同露地 6. 8 月下旬树干绑草把,诱集越冬害虫 7. 10 月初罩上防虫网

　*本历为郑州地区日光温室桃(需冷量 500 小时)管理工作,其他地区可根据品种成熟期推算

主要参考文献

1 王景新著. 乡村新型合作经济组织崛起. 北京:中国经济出版社,2005

2 文化,王爱玲,陈俊红著. 聚焦都市农业. 北京:中国经济出版社,2005

3 沈火林主编. 无公害蔬菜水果生产手册. 北京:科学技术文献出版社,2003

4 杨名远主编. 农业企业经营管理学. 北京:中国农业出版社,2000

5 金丽编著. 营销艺术. 西安:陕西旅游出版社,2001

6 高文胜,单文修主编. 无公害果园首选农药 100 种. 北京:中国农业出版社,2003

7 朱更瑞主编. 桃种植经营良法. 北京:中国农业出版社,2003

8 朱更瑞主编. 优质油桃无公害丰产栽培. 北京:科学技术文献出版社,2005

9 程阿选,宗学普编著. 看图剪桃树. 北京:中国农业出版社,1997

10 马之胜主编. 桃优良品种及无公害栽培技术. 北京:中国农业出版社,2003

11 孟林主编. 果园生草技术. 北京:化学工业出版社,2004

12 劳秀荣主编. 果树施肥手册. 北京:中国农业出版社,2000

金盾版图书,科学实用,
通俗易懂,物美价廉,欢迎选购

桃大棚早熟丰产栽培技
　术(修订版)　　　9.00元
桃树保护地栽培　　4.00元
油桃优质高效栽培　10.00元
桃无公害高效栽培　9.50元
桃树整形修剪图解
　(修订版)　　　　6.00元
桃树病虫害防治(修
　订版)　　　　　9.00元
桃树良种引种指导　9.00元
桃病虫害及防治原色
　图册　　　　　13.00元
桃杏李樱桃病虫害诊断
　与防治原色图谱　25.00元
扁桃优质丰产实用技术
　问答　　　　　6.50元
葡萄栽培技术(第二次
　修订版)　　　12.00元
葡萄优质高效栽培　12.00元
葡萄病虫害防治(修订

　版)　　　　　　11.00元
葡萄病虫害诊断与防治
　原色图谱　　　18.50元
盆栽葡萄与庭院葡萄　5.50元
优质酿酒葡萄高产栽培
　技术　　　　　5.50元
大棚温室葡萄栽培技术　4.00元
葡萄保护地栽培　　5.50元
葡萄无公害高效栽培　12.50元
葡萄良种引种指导　12.00元
葡萄高效栽培教材　6.00元
葡萄整形修剪图解　6.00元
葡萄标准化生产技术　11.50元
怎样提高葡萄栽培效益　12.00元
寒地葡萄高效栽培　13.00元
李无公害高效栽培　8.50元
李树丰产栽培　　　3.00元
引进优质李规范化栽培　6.50元
李树保护地栽培　　3.50元
欧李栽培与开发利用　9.00元

　　以上图书由全国各地新华书店经销。凡向本社邮购图书或音像制品,可通过邮局汇款,在汇单"附言"栏填写所购书目,邮购图书均可享受9折优惠。购书30元(按打折后实款计算)以上的免收邮挂费,购书不足30元的按邮局资费标准收取3元挂号费,邮寄费由我社承担。邮购地址:北京市丰台区晓月中路29号,邮政编码:100072,联系人:金友,电话:(010)83210681、83210682、83219215、83219217(传真)。